W0258624

Studienskripten zur Soziologie

Weitere Bände in Vorbereitung

Zu diesem Buch

Dynamische Kausalmodelle stellen ein noch
unterentwickeltes Gebiet in der empirischen
Sozialforschung dar. Die Entwicklung der
Pfad- und Dependenzanalyse in den letzten
fünf bis zehn Jahren diente vor allem der
Erweiterung multivariater Analysetechniken
in Richtung expliziter theoretischer
Spezifizierung von Variablenverbindungen
in einem Kausalnetz. Dieser Ansatz leidet
aber unter seiner Statik. Wechselwirkungen,
Rückkopplungen und sich in der Zeit entfal-
tende Prozesse sind so nicht modellierbar.
Dies ist aber erforderlich, wenn man mit
den theoretischen Ansätzen auf den Gebieten
des Sozialen Wandels, der Mobilität und der
Systemkonzeption empirisch Ernst machen will.

Zeitbezogene (dynamische) Modelle sollen
diese Lücke schließen helfen. Für den
Empiriker stellen sich dabei auch statistische
Probleme, vor allem auf dem Gebiet der
Schätzung.

In diesem Buch wird sowohl der Rohbau
dynamischer Modelle als auch die statistisch
empirische Ausführung dargestellt und
elementar an Zahlenbeispielen erläutert.

Dynamische Modelle in der empirischen Sozialforschung

Von Prof. Dr. Th. Harder

Universität Bielefeld

1973

B.G.Teubner, Stuttgart

Prof. Dr.rer.pol. Theodor Harder B.A.

Geboren 1931 in Wernigerode /Harz.
Von 1952 bis 1957 Studium der Ökonomie,
Soziologie, Sozialpsychologie und
Statistik an den Universitäten Köln
und Göttingen sowie Literatur,
Philosopie und Musik in den USA.
Promotion 1960 in Köln.

Von 1960 bis 1966 in der Werbung und
Umfrageforschung tätig, ab 1967
Assistent am Institut für vergleichende
Sozialforschung, ab 1970 an der
soziologischen Fakultät der Universität
Bielefeld (Methodologie, Statistik und
Mathematik in den Sozialwissenschaften).

Für Bernd Blasberg
und Alexander Schwarz

ISBN 978-3-519-00041-9   ISBN 978-3-322-94915-8 (eBook)
DOI 10.1007/978-3-322-94915-8

Umschlaggestaltung: W.Koch, Stuttgart

Vorwort

Als eine Außenseiterbewegung begann vor 40 Jahren die Öko-
nometrische Gesellschaft die ökonomische Theorie empirisch
zu provozieren. Die Weltwirtschaftskrise hatte die Frage
der Wirtschaftspolitiker nach brauchbaren Konjunktur-
prognosen über den Völkerbund bis in akademische Zirkel
hineindringen lassen, und so erfand Jan Tinbergen seine
makro-dynamischen Modelle, die er mit Daten der U.S. -
und der englischen Wirtschaftsgeschichte konfrontierte.
Die prognostische Effizienz dieser Modelle war alles andere
als überwältigend, aber die Rückwirkung auf das Denken der
Ökonomen war bedeutsam und wurde nur durch den großen
Erfolg der Theorie von John Maynard Keynes überschattet.
Daß die weltwirtschaftspolitisch heute hochaktuellen
Computersimulationen anhand des Weltmodells von Forrester
späte Nachfahren der makrodynamischen Modelle der ersten
Ökonometriker sind, wird den wenigsten bewußt.

Die Soziologie, die sich als krisenanalytische Wissenschaft
par exellence versteht, hat von den früheren Ansätzen zur
Dynamisierung und Empirie-Kopplung der makroökonomischen
Theorie schon kaum Notiz genommen und kann sich im Augen-
blick kaum entschließen, aus der jüngeren Tradition des
Selbstzweifels auszubrechen und sich den Problemen der
sozialen Prognose und der Planung auf empirisch-theoretischer
Grundlage zuzuwenden.

Hier setzt der Versuch dieses Buches ein, durch eine ein-
führende Darstellung der Bauelemente und Probleme bei der
Konstruktion dynamischer Modelle Studierenden der Sozialwissenschaften einen Zugang zu den Überlegungen zu zeigen,
die die Soziologie im multidisziplinären Arbeitszusammen-
hang sprachfähiger und mündiger machen können.

Das mathematische Kernstück der hier zu behandelnden Modelle sind Differenzen-Gleichungen. Zwar spielen Differentialgleichungen in der mathematischen Ökonomie und Soziologie auch eine - wenn auch in der Soziologie abgeschwächte - Rolle, eignen sich aber für viele empirisch belangvolle Fragestellungen weniger. Daher werden sie nur am Rande erwähnt.

Die erforderlichen mathematischen Vorkenntnisse sind nicht allzu groß. Die Matrizen-Notation wird bei Bedarf eingeführt und stets elementar erklärt. Sie spielt sowohl bei der statistikfreien Modellarbeit wie bei den statistischen Schätzverfahren eine Rolle, indem sie einerseits die Übersichtlichkeit der Formelsprache erhöht, andererseits manche Zusammenhänge überhaupt erst zu formulieren erlaubt.

In keinem Sinne wird in diesem Buch Mathematik getrieben. Es werden keine Grundlagenüberlegungen angestellt oder Beweise gebracht. Lediglich einige Ableitungen kommen vor, die den inneren Sinn der benutzten formalen Hilfswerkzeuge verdeutlichen sollen. Auf entsprechende fundierende und weiterführende mathematische Literatur wird an den entsprechenden Stellen verwiesen.

In diesem kurzen Einführungstext war es nicht möglich, auf umfangreiche Makro-Modelle einzugehen. Im Literaturverzeichnis sind als Beispiele (13) und (59) angegeben. Ebenfalls ausgespart bleiben mußte die "continuous time models". Der Leser sei auf (3),(15) und (40) verwiesen.

Der leichteste Einstieg in diese Einführung ist Kapitel 3 . Am meisten anschauliche und empirische Substanz enthält das 4. Kapitel. Das 2.Kapitel bietet das nötigste formale Handwerkszeug und sollte entweder gründlich studiert oder als Nachschlage-Teil bei der Lektüre der anderen Kapitel benutzt werden. Als Hilfe hierfür steht am Ende des Textes (S.120) ein Gleichungsnummernverzeichnis mit Seitenzahlen .

Bielefeld, im Februar 1973   Theodor Harder

7

Inhaltsverzeichnis

1. <u>Statik und Dynamik</u>

Das Hauptgewicht methodischer Neuentwicklungen in der empirischen Sozialforschung liegt immer noch auf dem Gebiet
statischer Analyseformen, etwa im Bereich der Dimensions-
analysen, der latent structure analysis, der nicht-metri-
schen Verfahren und der sogenannten "Kausalanalyse". Gerade
in dieser Bezeichnung wird das Dilemma deutlich : das hiermit gemeinte besondere Regressionsverfahren verzichtet auf
explizite oder implizite Modellierung des Zeitbezugs und
will doch "Kausalitäten" nachweisen oder erklären, die sich
im Zeitverlauf zeigen.
Andrerseits strotzt das theoretische Vokabular der Soziologie der siebziger und der zweiten Hälfte der sechziger
Jahre nur so von Dynamik indizierenden Bezeichnungen wie
"sozialer Wandel", "Mobilität","Systemänderung","Identität",
"Interaktion", "circuli vitiosi"(etwa der Bevölkerungsre-
produktion und des Hungers in armen Ländern), "Generationen-
wechsel", "Sozialisation", "lernende Systeme", "System-
Dynamik", "Evolution" (natürlich "übertragen" aus der Biologie), "Innovation", "Horizont" (wobei man oft nicht weiß,
wann der Erwartungshintergrund bei Husserl und damit etwas
Zeitloses und wann der Zeithorizont des Ökonometrikers ge-
meint ist), "Entwicklung", "Prozess" und ähnliches mehr.

Daß die Konfrontation von Daten und dynamischen Theorieansätzen kaum stattfindet, liegt nicht nur an den statischen Wörterkatalogen von Parsons oder dem Neo-Eleatentum
und ihren erfolgreichen Epigonen, sondern auch an dem unter-

entwickelten Stand dynamischer Modellrechnungen sowie der
allzu zagen Verwendung dessen, was es auf diesem Gebiet
schon gibt. Im folgenden wird versucht, einen Teil dieser
Lücke zu beschreiben und damit zu schließen.
In Anlehnung an die Ökonomie und damit an die Ökonometrie
sei mit "Dynamik" der Zeitbezug einer theoretischen Aussage
angedeutet. Sie ist dann dynamisch, wenn in ihr mindestens
zwei Variable mit verschiedenem Zeitindex - etwa : t und
t-2 - oder eine Änderungsrate - analog zur Geschwindig-
keit inder Physik oder der ersten Ableitung in der Analysis
- vorkommt. Ein Satz wie "Sozialverhalten wird von Sozialisation mitbestimmt" ist also statisch. Eine Folge von immer
dynamischeren Modifikationen könnte lauten :

> Frühsozialisation beeinflußt Sozialverhalten
> Frühsozialisation beeinflußt späteres Sozialverhalten
> Die vorschulische Sozialisation wirkt sich auch noch
> nach dem 40. Lebensjahr aus (im Sozialverhalten)
> Der als Kleinkind vom älteren Bruder Unterdrückte
> reagiert auf Einladungen zum politischen Engagement
> anders, wenn er erwachsen ist,als einer, der nicht so
> unterdrückt wurde

Von Variablen kann bei diesen lockeren Formulierungen natürlich noch keine Rede sein, aber verschiedene Zeitintervalle
werden schon deutlich angesprochen. Kennt man die makro-
soziologische Größe "Altersverteilung der Gesamtbevölkerung",
so kann man sie mit der These von der Unterdrückung durch
den älteren Bruder und einer kombinatorischen Überlegung
zur Familiengröße und der Chance, ein jüngerer Bruder zu
sein, verbinden und erhält eine "makrodynamische" Aussage,
die prinzipiell auch prognostischen Charakter haben kann
(H.Moller, 1968). Ohne besonderen modelltheoretischen Aufwand gibt Moller eine Erklärung der Studentenbewegung Ende
der sechziger Jahre aufgrund historischer Vergleiche von
Altersverteilungen. Man erkennt unschwer, daß hier ein Mehr-
ebenenproblem vorliegt (H.J.Hummell, 1972), in dem indivi-

duelle, relationale und kontextuelle Eigenschaften einbezogen sind. Die Dynamisierung der Aussage ist hierbei nicht
etwa ein erschwerendes Moment, sondern geradezu eine Hilfe
bei der Herstellung der Verbindung zwôschen den verschiedenen Ebenen. Wollte man ein Modell bauen, müßte man noch
andere Variablen aufnehmen, die möglicherweise wieder dynamisch miteinander zu koppeln wären. Die Bauelemente
solcher Modelle werden wir im Hauptteil kennen lernen.
Will man mit den dynamischen Intentionen der Theorie ernst
machen, so stellt sich noch ein anderes Hindernis dem empirischen Sozialforscher in den Weg : das Datenproblem.Inner-
halb der Verfahrensweisen des survey research erhebt man
Daten für dynamische Analysen durch Rückerinnerungsfragen
und vor allem durch Panel-Befragungen (E.Erbslöh,1972,S.35-
37 und die dort angegebene Literatur). Diese sind aufwendig
und besonderen methodischen Komplikationen ausgesetzt. Die
größte praktische Erfahrung darin haben in der BRD Umfrage-
institute wie Attwood (Wetzlar), GfK-Gesellschaft für
Konsumforschung (Nürnberg),GfM-Gesellschaft für Marktforschung (Hamburg), IFAK-Institut für Absatzforschung
(Wiesbaden), Infratest (München) und A.C.Nielsen (Frankfurt). Obwohl die meisten Studien dieser Institute sich
mit Marketing-Problemen befassen, liegen auch soziologisch
interessante Daten zum Konsum- und Freizeitverhalten sowie
zu Massenmedienfragen vor. Dieser Hinweis gilt denen, die
als Forscher, Lehrer oder Lernende Sekundäranalyse (E.Moch-
mann 1973) treiben wollen oder unmittelbar an methodischer
Forschung anhand realer Daten interessiert sind. Auf solche
Panel-Daten, die vor und nach politischen Wahlen erhoben
wurden und eine individualstatistische Analyse des Wechselverhaltens der Wähler mittels Markoff-Modellen erlauben,
werden wir ausführlicher im Hauptteil eingehen.
Die (theoretisch) identisch bleibende Menge der Stichproben-
elemente (die auch Stichprobenfälle, -einheiten oder -reali-
sationen heißen) bei Panelumfragen stellen nur einen Sonder-

fall   von Quasi-Replikationen von Messungen in der nicht-
experimentellen Forschung dar. Bei allen dynamischen Analysen müssen Beobachtungseinheiten über den Untersuchungs-
und möglicherweise über den Prognosezeitraum hinweg identisch bleiben, weil ja sonst einfach das Subjekt oder Ob-
jekt der Veränderung fehlen würde.(Auf die hiermit verbundenen Fragen des logischen Widerspruchverbots,der Dialektik-
diskussion(H.Vetter 1962),der Bewegungsparadoxien des Zenon,
der Veränderungsparadoxien, die Sokrates mit den Sophisten
diskutiert, den Beitrag, den die Erfindung der Infinitesi-
malrechnung zur Lösung dieser Probleme bedeutet und die
folgenschweren Mißverständnisse Hegels sei hier nur hingewiesen).   Daher ist man für Wahlanalysen auch nicht auf
Individual-Panel-Daten beschränkt. Vielmehr können die Einheiten höherer Ebene wie Wahlbezirke, Wahlkreise oder auch
Landkreise und kreisfreie Städte als Stichprobenrealisatio-
nen fungieren, an deren jeder zu verschiedenen Zeiten, etwa
"Landtagswahl Hessen 1962","Bundestagswahl(Hessen)1965" und
"Landtagswahl Hessen 1966" dieselben Merkmale in ihren
Ausprägungen (Parteienanteile) beobachtet werden können
(G.Calot und P.Bohley 1972). Die 48 Landtagswahlkreise in
Hessen erfüllten allerdings das Postulat der Identität von
1962 bis 1966 nicht ganz, weil sich sowohl die regionale
Struktur der Wahlkreise als natürlich ihre Bevölkerungen
(leicht) änderten. Man könnte wie bei Plato jetzt einen
Streitfall daraus machen, ob ein Wahlkreis nach einer Legislaturperiode wegen der Schnellsterblichkeit und der horizontalen Mobilität "seiner" Einwohner noch mit sich selbst
identisch sein kann, ja, man sollte einen Streitfall daraus
machen! Calot und Bohley allerdings helfen sich einfach mit
einer Umproportionierung der Anzahl der abgegebenen Stimmen
(S.139).Nimmt man das hin, so wird man Zeuge der Berechnung
von individuellen Übergangswahrscheinlichkeiten aufgrund
von rein ökologischen Variationen. Wir kommen darauf zurück.

2. Differenzen-Gleichungen

In diesem Kapitel werden wir schrittweise von den einfachsten zu komplizierteren Systemen von Differenzen-Gleichungen übergehen. Da das mathematische Vorwissen der Leser
sehr unterschiedlich sein wird, geben wir nur eine sehr
elmentare, möglichst auf eigenständiges Nachvollziehen kon-
kreter Rechnungen abstellende Einführung. Es läßt sich aber
dabei nicht vermeiden, einige Lehrsätze und Zusammenhänge,
die dem mathematisch Interessierten oder Bewanderten ohne
weiteres geläufig sind, in Kurzform bzw. in Parenthese
zu erklären.
Wir gehen in diesem Kapitel bewußt nicht von soziologisch-
inhaltlichen Fragestellungen aus, sondern bezwecken eine
möglichst schnelle Vermittlung von Hilfsmitteln der Forma-
lisierung, die bei der Vorstellung und kritischen Analyse
empiriebezogener Modelle der Sozialforschung in späteren
Kapiteln unbedingt benötigt werden.
Außerdem werden stellenweise Parallelen zu Differentialgleichungen gezogen, und zwar nicht nur, weil diese in der
Tradition der Physik den Prototyp dynamischer Modelle darstellen, sondern vor allem auch deswegen, weil sie in der
mathematischen Soziologie eine erhebliche Rolle spielen
(so z.B. bei Coleman 1964).

2.1. Lineare Systeme

Ein statisches lineares Modell besteht aus Gleichungen von
der Form

$$ax + by = c$$
$$ux + vy = d$$

Nach der bekannten geometrischen Deutung beschreibt jede
Gleichung eine Gerade in der x-y-Ebene und die Auflösung
dieser beiden Gleichungen ergibt ein Paar (x_o, y_o), das die
Koordinaten des Schnittpunktes - soweit er existiert - an-
gibt. Lösungen bestehen in gemeinsamen Punkten.
Bei dynamischen linearen Systemen gehen wir jetzt von einer

eizigen Gleichung aus, da hier noch die zusätzliche Variable
der Zeit hinzukommt.

2.1.1. <u>Eine einzige Gleichung</u>

Die einfachste lineare Gleichung $y = b + ax$ kahn durch
eine geeignete Verschiebung von x oder y auf folgende Form
gebracht werden :

(1) $y = ax$

Betrachtet man einzelne Punkte (x,y), die empirisch ermittelt, deren Koordinaten also gemessen werden, so muß man sie
durch einen Index i unterscheiden : $x_i = x_1$, x_2 , $\ldots$ x_n
und entsprechend y_i . Wenn nicht alle Paare (x_i, y_i) auf der
Geraden (1) liegen, muß noch eine fallspezifische , also
i-spezifische Fehlergröße u_i hinzugefügt werden. Wir erhalten
so statt (1)

(2) $y_i = ax_i + u_i$

Dies ist die bekannte einfache lineare Regressionsgleichung
der Statistik. Die Hauptaufgabe besteht darin, eine Schätzung für a zu berechnen, so daß alle Punkte möglichst nahe
an der durch a festgelegten Geraden liegen. Das "möglichst
nahe" wird durch ein Kriterium festgelegt, das zu minimieren
ist, etwa die Quadratsumme $T = u_1^2 + u_2^2 + \ldots + u_n^2$.
 Deutet man i als Zeitindex und schreibt sinngemäß t statt
i , so erhält man eine simultane (pseudodynamische) Form :

(3) $y_t = ax_t + u_t$

Anstelle der Menge der Indices i ist nun die Indexmenge der
t getreten. Es liegt nahe, y und x als Funktionen der Zeit
aufzufassen. Aber es liegt noch keine echte Differenzen-
gleichung vor. Dazu muß man etwa für x einen anderen Zeitindex wählen :

(4) $y_t = ax_{t-1} + u_t$

Hiermit wird ausgedrückt, daß der "alte" (t-1) Wert von x
auf den "neuen"(t) oder späteren von y a-fach einwirkt.

Zu einer Differenzen-Gleichung wird (4) dann, wenn wir für x_{t-1} den "früheren" Wert von y selber, also y_{t-1} setzen :

$$(5) \qquad y_t = ay_{t-1} + u_t$$

Eine Differenzen-Gleichung ist definiert als eine Gleichung, in der Differenzen D einer oder mehrerer Variabler vorkommen. Der Operator D (normalerweise schreibt man ein großes (griechisches) Delta) ist wie folgt definiert :

$$(6) \qquad Dy = y_{t+m} - y_t$$

Man erkennt sofort, daß in dem besonderen Fall m=1 und bei Verschiebung von y_t und y_{t-1} um eine Zeiteinheit "in die Zukunft" hinein, so daß statt (5)

$$(5)' \qquad y_{t+1} = ay_t + u_{t+1}$$

erscheint, Dy tatsächlich in (5)' vorkommt, da man stattdessen schreiben kann :

$$(5)'' \qquad Dy = y_{t+1} - y_t = (a-1)y_t + u_{t+1}$$

Der Vollständigkeit halber sei angeführt, daß die eben vorgekommene Verschiebung einer zeitabhängigen diskreten Variablen durch den Operator E symbolisiert wird :

$$(7) \qquad Ey_t = y_{t+m}$$

Die beiden Operatoren D und E werden bei der formalen Behandlung von Differenzemgleichungen sowie in der regeltechnischen Literatur dauernd angewandt, was Vorteile für die Übersichtlichkeit und Eleganz der Beweise hat. Da wir keine mathematischen Interessen in diesem Buch verfolgen, werden wir von dieser Notation absehen und im folgenden Differenzen-Gleichungen eher wie in (4) oder (5) ausdrücken.

Nimmt man an, daß u_t in (5) einer bestimmten Wahrscheinlichkeitsverteilung unterliegt, so haben wir eine stochastische Differenzen-Gleichung vor uns. Dasselbe gilt sinngemäß für u_i in (2). Der stochastische Charakter solcher Gleichungen ist die wichtigste Voraussetzung für ihre Verwendbarkeit in der empirischen Sozialforschung und stellt

daher keineswegs eine Nebensache dar. Trotzdem werden wir
uns zunächst nur mit dem deterministischen Aspekt, sozusagen
mit ihrer Stochstik entkleideten Differenzen-Gleichungen,
beschäftigen. Dann vereinfacht sich (5) zu (8) :

$$(8) \qquad\qquad y_t = ay_{t-1}$$

Hiermit ist wie im Falle einer Differentialgleichung eine
implizite Funktion $y_t = f(t)$ zu sich selber in Beziehung
gesetzt, und die Aufgabe lautet , die explizite Funktion
zu finden. Wir gehen von $t=1$ aus und bilden schrittweise
die ganze Folge y_t für $t=2,3,4,\ldots$ bis n :

$$y_1 = ay_0$$
$$y_2 = ay_1$$
$$- - - -$$
$$y_n = ay_{n-1}$$

Setzt man nun die erste in die zweite Gleichung ein, so ergibt sich $y_2 = a^2 y_0$. Dies in die dritte eingesetzt ergäbe:
$y_3 = a^3 y_0$ und so fort bis zu $y_n = a^n y_0$ oder :

$$(9) \qquad\qquad y_t = a^t y_0$$

Dies ist die gesuchte explizite Funktion $f(t)$ und damit die
Lösung von (8). (Der Beweis sei dem Leser überlassen, der
nur y_{t-1} gemäß (9) zu bilden und mit dem expliziten Ausdruck für y_t in (8) einzusetzen hat !).

Wir verallgemeinern jetzt (8), indem wir einen konstanten
Summanden hinzufügen :

$$(10) \qquad\qquad y_t = c + ay_{t-1}$$

Beim Versuch, (9) ebenfalls als Lösung von (10) darzutun,
wird man feststellen, daß dies nur bei $c \neq 0$ möglich ist.
Für den allgemeinen Fall muß man also eine neue Lösung
suchen. Man gehe nun so vor wie im Anschluß an (8), also
iterativ. Der Leser wird folgende Reihe erhalten :

$$(11) \qquad y_t = c + ca + ca^2 + ca^3 + \ldots + ca^{t-1} + a^t y_o$$

Um dies kompakter schreiben zu können, braucht man die Summenformel der in (11) enthaltenen geometrischen Reihe.Falls man diese nicht parat hat, multipliziere man (11) einfach mit a , ziehe die so entstehende Gleichung von (11) ab und beweise dann wie bei (9) , daß (12) die Lösung von (10) ist:

$$(12) \qquad y_t = \frac{c}{1-a} + \left(y_o - \frac{c}{1-a} \right) a^t$$

Anregung : Der Leser zeige, daß (9) tatsächlich ein Sonderfall von (12) ist !

Bei (10) handelt es sich um die allgemeine inhomogene (für c ≠ o) Differenzen-Gleichung 1. Ordnung (weil nur t und t-1 vorkommt bzw. der Unterschied zwischen den Datierungen oder Zeitindices eine Zeiteinheit beträgt). Wir werden im nächsten Abschnitt zum System 2. Ordnung übergehen und zeigen, daß (10) ein Sonderfall davon ist.
Wenn a kleiner als 1 ist, aber größer als -1, so verschwindet der zweite Summand auf der rechten Seite von (12) bei wachsendem t und y_t strebt dem Grenzwert $\frac{c}{1-a}$ zu, der offenbar vom Anfangswert y_o unabhängig ist. Diese Eigenschaft der "Freiheit vom Anfang" ist bezeichnend für eine bestimmte Art von Markoff-Ketten, auf die wir noch zurückkommenwerden.
   Ist dagegen a=1 , so kann (12) überhaupt keine Lösung mehr sein. Stattdessen erhält man $y_t = ct + y_o$ als Lösung von (10). (Der Leser beweise das!). Was schließlich bei a = -1 passiert, sollte der Leser durch Ausprobieren selber herausfinden.Es empfiehlt sich, den Zeitverlauf von y_t graphisch zu veranschaulichen ,was auch bei den noch nicht betrachteten Fällen explosiver Verläufe (-1 > a > +1) sehr förderlich ist !
Ist der Anfangswert y_o gleich dem Grenzwert , der in verschiedenen thematischen Zusammenhängen auch als Gleichgewichtspunkt interpretiert wird, so ist y_t zeitfrei und (10) hat pseudodynamischen Charakter. Wie aus (12) ersichtlich,

ist die zeitliche Beweglichkeit von y_t umsogrößer, je größer der Anfangsabstand , den y von dem Endzustand hat.Wenn a explosive Größenordnungen hat, gibt es natürlich keinen endlichen Grenzwert und diese Betrachtung ist gegenstandslos.

2.1.2. Ein alternativer Lösungsansatz

Das iterative und induktive Vorgehen bei der Lösung von (8) und (10) ist sicher und umständlich. Schneller kommt man zum Ziel, wenn man eine Vermutung über die allgemeine Funktionsform der Lösung hat, deren Konstanten oder Parameter zu bestimmen dann das Lösen des Problems ausmacht. Wir betrachten nur den allgemeineren Fall (10). Die Vermutung sei, daß die Lösung die Form habe :

$$(13) \qquad y_t = k + gh^t$$

Die Aufgabe ist es, k,g und h als Funktionen von c,a und y_o darzustellen. Dazu setzen wir für y_t die rechte Seite von (13) und $y_{t-1} = k + gh^{-1}h^t$ in (10) ein:

$$(14) \qquad k + gh^t = c + ak + agh^{-1}h^t$$

Durch Vergleich der Koeffizienten von h^t und der absoluten Summanden ergibt sich :

$$(14)' \qquad g = agh^{-1} \quad \text{und damit} \quad h=a$$
$$(14)'' \qquad k = c + ak \quad \text{und damit} \quad k = \frac{c}{1-a}$$

Um schließlich g zu erhalten, setzen wir in (13) t=o :

$$(14)''' \qquad y_o = k + g \quad \text{und damit gilt} \quad g = y_o - \frac{c}{1-a}$$

Einsetzen der gefundenen Ausdrücke für h,k und g aus (14)', (14)'' und (14)''' in (13) ergibt (12) . Die größere Eleganz dieses Verfahrens ist aber nicht sein einziger Vorteil.Dies wird sich noch bei Differenzen-Gleichungen höherer Ordnung erweisen.

2.1.3. Das System zweier Gleichungen

Eine Lösung wie (9) oder (12) läßt sich für (4) nicht angeben, da mit (4) die Aufgabe besteht, gleich __zwei__ Zeitfunktionen (x_t und y_t) aus einer einzigen Gleichung zu bestimmen. Selbst dann, wenn $u_t=0$, läßt sich (4) aber in
diesem Sinne nicht lösen, weil die Rückkopplung (feedback)
von y zu x hin fehlt. Beginnt man nämlich in der iterativen
Art wie im Anschluß an (8) mit $y_1=ax_0$ und $y_2=ax_1$, so kann
man in diese letzte Gleichung nicht für y_1 den Ausdruck ax_0
einsetzen, da y_1 in dieser zweiten Gleichung nicht vorkommt.

Versucht man nicht den iterativen, sondern den alternativen
Lösungsansatz analog zu (13), nämlich $y_t = g_1 h_1^t$ sowie
$x_t = g_2 h_2^t$, so wird man feststellen, daß der dabei notwendi-
ge Koeffizientenvergleich nur bei der zusätzlichen Voraussetzung $h_1=h_2$ überhaupt möglich ist.(Der Leser führe diesen
Versuch für sich aus!).

Betrachten wir dagegen (4) als den Sonderfall eines Systems
von zwei Differenzen-Gleichungen, so werden ad-hoc-Annahmen
überflüssig. Das System hat folgende Gestalt :

$$(15) \qquad\qquad y_t = ay_{t-1} + bx_{t-1}$$

$$(16) \qquad\qquad x_t = cy_{t-1} + dx_{t-1}$$

Es handelt sich bei (15),(16) um ein nicht-stochastisches,
also deterministisches, homogenes System zweier linearer
Differenzen-Gleichungen. (4) ergibt sich als Sonderfall,
wenn man (außer $u_t=0$) $a=0, b=a, c=d=0$ substituiert (für die
Konstanten in (15) und (16)). Die beiden Zeitfunktionen y_t
und x_t sind hier miteinander verflochten, indem x_{t-1} auf
die andere Variable y_t und y_{t-1} auf x_t "einwirkt". Also
beeinflußt y_{t-2} über die durch den Operator E^{-1} (dies ist
die inverse Operation zu der in (7) eingeführten Operation
E) um eine Zeiteinheit in die Vergangenheit verschobene
Gleichung (16) die Größe x_{t-1} , welche wiederum qua (15)

y_t "beeinflußt". Damit wirkt y insgesamt zweimal auf sich
selbst zurück, einmal über zwei Perioden oder Zeiteinheiten
(y_{t-2} auf y_t) indirekt(über x_{t-1} bzw.(16)) und außerdem
direkt mit einer Verzögerung von einer Zeiteinheit (y_{t-1}
auf y_t) über (15). Symmetrisch hierzu ist auch x zweimal
mit sich selbst rückgekoppelt. Diese Überlegung führt auch
zur ersten Stufe der Lösung des Systems, nämlich zur Entflechtung der beiden ineinandergeflochtenen Strähnen von
Variablen, so daß zwei neue Gleichungen entstehen, die je
nur x oder nur y enthalten. Wir wenden dazu den Operator
E^{-1} auf (15) und (16) an :

(15)'
$$y_{t-1} = ay_{t-2} + bx_{t-2}$$

(16)'
$$x_{t-1} = cy_{t-2} + dx_{t-2}$$

Wir eliminieren x_{t-2} aus diesem System, indem wir die untere
Gleichung mit b, die obere mit d multiplizieren und dann
diese von jener abziehen . Das Ergebnis ist :

(17)
$$bx_{t-1} = dy_{t-1} - (ad - bc)y_{t-2}$$

Multiplizieren wir die obere Gleichung mit c, die untere
mit a und subtrahieren diese von jener, so ergibt sich :

(18)
$$cy_{t-1} = ax_{t-1} - (ad - bc)x_{t-2}$$

Setzen wir nun für bx_{t-1} die rechte Seite von (17) in (15)
und für cy_{t-1} die rechte Seite von (18) in (16) ein, so ist
die erste Stufe der Lösung von (15) und (16), nämlich die
Entflechtung der y- und der x-Folge (-"Strähne"), mit den
folgenden Gleichungen abgeschlossen :

(19)
$$y_t = (a + d)y_{t-1} - (ad - bc)y_{t-2}$$

(20)
$$x_t = (a + d)x_{t-1} - (ad - bc)x_{t-2}$$

Man sieht, daß y_t und x_t sich als (ein und dieselbe!)
Linearkombination ihrer beiden vorhergehenden Werte darstellen lassen. Während aber (19) und (20) aus (15) und(16)
sich eindeutig herleiten lassen, gilt nicht das Umgekehrte.

Denn das sogenannte "reduzierte System" (19) und (20) hat
die allgemeine Form

$$(21) \qquad y_t = ky_{t-1} + gy_{t-2} \quad \text{bzw.} \quad x_t = kx_{t-1} + gx_{t-2}$$

und es gibt keine Möglichkeit, a,b,c und d , also vier Parameter aus nur zweien, nämlich k und g zurückzugewinnen.

In (21) kommt zum Ausdruck, daß das <u>System</u> zweier Differenzengleichungen <u>erster</u> <u>Ordnung</u> auf zwei parametrisch gleich-
lautende <u>einzelne</u> Differenzemgleichungen <u>zweiter</u> <u>Ordnung</u>
zurückführbar ist. In dieser Reduktion liegt die erste Stufe
der Lösung des Systems. Die zweite besteht in der Lösung
von (21).

2.1.4. <u>Lösung der Differenzen-Gleichung zweiter Ordnung</u>

Wir wählen einen Ansatz wie in (13) und schreiben :

$$(22) \qquad y_t = ph^t$$

Dies sei in die linke der beiden Gleichungen (21) eingesetzt, so daß wir erhalten :

$$(23) \qquad ph^t = kph^{-1}h^t + gph^{-2}h^t$$

Dies mit h^2 multipliziert ergibt

$$(24) \qquad ph^t h^2 = ph^t kh + ph^t g$$

Wenn p und h^t beide ungleich O sind, kann man (24) durch sie
teilen und es gilt die Bestimmungsgleichung für h :

$$(25) \qquad h^2 = kh + g$$

mit den beiden Lösungen

$$(26) \qquad h_1 = \frac{k}{2} + (g + \frac{k^2}{4})^{\frac{1}{2}} \qquad\qquad \text{und}$$

$$(27) \qquad h_2 = \frac{k}{2} - (g + \frac{k^2}{4})^{\frac{1}{2}}$$

Wir schreiben für den Radikanden unter der Wurzel kurz

$$(28) \qquad s^2 = g + \frac{k^2}{4} \quad .$$

Ebenfalls kürzen wir k/2 durch q ab und können nun einfacher
schreiben :

$$(29) \qquad h_1 = q + s$$

$$(30) \qquad h_2 = q - s$$

Da es keinen Grund gibt, h_1 für eine richtigere Lösung zu
halten als h_2 , müssen beide beim Einsetzen in (22) berücksichtigt werden. Wir vermuten, daß eine Linearkombination
von h_1^t und h_2^t y_t ergibt, wobei die linearen Gewichte als
p_1 und p_2 bezeichnet seien :

$$(31) \qquad y_t = p_1 h_1^t + p_2 h_2^t$$

Um die unbekannten Konstanten p_1 und p_2 zu bestimmen, setzen
wir nacheinander t=0 und t=1 und erhalten zwei Gleichungen
mit zwei Unbekannten :

$$(32) \qquad y_0 = p_1 + p_2$$

$$(33) \qquad y_1 = p_1 h_1 + p_2 h_2$$

mit den Lösungen

$$(32)' \qquad p_1 = (h_2 - h_1)^{-1}(y_0 h_2 - y_1) \qquad \text{und}$$

$$(33)' \qquad p_2 = (h_2 - h_1)^{-1}(y_1 - y_0 h_1) \ .$$

Damit wäre die Differenzen-Gleichung zweiter Ordnung (21)
prinzipiell gelöst. Allerdings stellt sich noch eine Kom-
plikation ein, wenn s (in (28)bis(30)) nicht reell (ein-
schließlich 0),sondern imaginär ist, weil der Radikand in
(26) und (27) kleiner als 0 ist. Dann sind h_1 und h_2 zueinander konjugiert komplex und bei s = iv gilt :

$$(34) \qquad h_1 = q + iv \qquad \text{und} \quad h_2 = q - iv \ ,$$

wobei v reell sei. Es könnte dann vermutet werden, daß (31)
selbst keine reelle Lösung mehr ist, sondern eine komplexe.
Da man andrerseits ein Iterationssystem wie (15),(16), aus
dem ja (31) eindeutig hervorgegangen ist, jederzeit iterativ
extrapolieren kann, müßte man , wenn man mit reellen Werten
beginnt, auch stets im Reellen bleiben. Die Gegenvermutung

liegt also nahe, daß (31) dann, wenn (25) komplexe Wurzeln hat, nur scheinbar komplex, in Wirklichkeit aber reell ist. Um das zu zeigen, schreiben wir (31) zunächst in der ursprünglichen Form unter Berücksichtigung von (26) bis (28) :

$$(35) \qquad y_t = (-2s)^{-1}(h_1^t(y_o h_2 - y_1) + h_2^t(y_1 - y_o h_1))$$

Da s=iv und (34) im komplexen Fall gilt, wird daraus

$$(36) \qquad y_t = (2iv)^{-1}((q+iv)^t(y_1 - y_o q + iy_o v)$$
$$+ (q-iv)^t(-y_1 + y_o q + iy_o v))$$

Dies kann - nach Multiplikation mit 2iv wie folgt geordnet werden :

$$(37) \qquad 2ivy_t = (y_1 - y_o q)((q+iv)^t - (q-iv)^t)$$
$$+ iy_o v((q+iv)^t + (q-iv)^t)$$

Um die nur scheinbare Komplexität von (37) nachzuweisen, verwenden wir nun die in der komplexen Zahlentheorie übliche Schreibweise :

$$(38) \qquad q+iv = r(\cos\beta + i\sin\beta) \qquad (\text{lies:}\ \beta=\text{"beta"}!)$$

mit $r^2 = q^2 + v^2$ und tg $\beta = v/q$ als Umkehrung von (38). Außerdem brauchen wir noch die Euler'sche Formel

$$(39) \qquad e^{i\beta t} = \cos\beta t + i\sin\beta t$$

(Der Leser kann sie leicht ableiten, indem er etwa das Integral von $(1+\beta^2)^{-1}$ einmal als arctg β und einmal per Partialbruchzerlegung als $\frac{1}{2i}(\ln(1+ib) - \ln(1-i\beta))$ hinschreibt und dann nach cos β und sin β auflöst).

Aus (38) und (39) kann man folgern , daß

$$(40) \qquad (q+iv)^t = r^t e^{i\beta t} = r^t(\cos\beta t + i\cdot\sin\beta t)$$

$$(41) \qquad (q-iv)^t = r^t e^{-i\beta t} = r^t(\cos\beta t - i\cdot\sin\beta t)$$

$$(42) \qquad (q+iv)^t + (q-iv)^t = 2r^t\cos\beta t$$

$$(43) \qquad (q+iv)^t - (q-iv)^t = 2ir^t\sin\beta t$$

Wir setzen die cos-und sin-Ausdrücke aus (42) und (43) in

(37) ein und erhalten :

(44) $\qquad 2ivy_t = (2ir^t \sin ßt)(y_1 - y_0 q) + 2ivy_0 r^t \cos ßt$

und also

(45) $\qquad y_t = r^t(y_0 \cos ßt + v^{-1}(y_1 - y_0 q)\sin ßt)$

Dies ist die Lösung von (21) für den Fall komplexer Wurzeln
vom h in (25). Um die ursprünglichen Parameter k und g
in der Lösung erscheinen zu lassen, erinnern wir an die
Substitutionen

$$q = k/2$$
$$v = -is \; , \; v^2 = -s^2 = -g - \frac{k^2}{4}$$
$$r^2 = q^2 + v^2 = -g$$

Wir überlassen es dem Leser als Übung, diese Substitutionen
in (45) einzusetzen und die analoge Lösung für x_t hinzu-
schreiben. Nach dem Additionssatz cos(ä+ü)=cosäcosü -sinä
·sinü ist es ebenfalls einleuchtend, daß (45) in der Form

(46) $\qquad y_t = w_0 r^t \cos(w_1 ßt + w_2)$

ausgedrückt werden kann. Auch dies kann als Übung durchge-
führt werden, wobei der Leser feststellen wird, daß $w_1=1$.
In (46) ist eine Schwingung mit der Anfangsamplitude w_0 ,
dem Dämpfungsgrad r , der Wellenlänge $ß^{-1}.360^o$ und der
Phase $-w_2 ß^{-1}.360^o$.
Es sei an dieser Stelle vermerkt, daß Prognosen über zu-
sammenbrechende Systeme, stagnierende Industrialisierungs-
prozesse, das Ende der Menschheit und ähnliches mehr im
Prinzip auf Lösungen vom Typ (46) zurückgehen. Falls Systeme
nicht schwingen, sondern nur exponentiell wachsen, also
mindestens ein h in (35) oder dessen multivariaten Erweiterung größer als 1 ist, so schlägt y_t schließlich an eine
obere Grenze, die aber ihre "Schatten vorauswirft", indem
diese Grenze entweder vorher im Planungsprozess erkannt
wird oder im Zuge der vorratsorientierten Vor-Ausschöpfung
das Wachstum von y_t und anderer damit zusammenhängender
Größen dämpft. Solche gegen den Trend gerichteten Bewegungen

wirken als negative Rückkopplungen und können das System
dann in Schwingungen versetzen. Wenn r größer als 1 ist,
handelt es sich aber um explosive Schwingungen, deren Amplitude unbegrenzt wächst, so daß man hinterher - wenn das
System in einer Katastrophe endete - sagen muß, daß die
Stabilitätspolitik ihr Ziel nicht erreicht hat. Ist r aber
kleiner als 1 , so strebt y_t dem Wert 0 zu, was bei entsprechender Skalierung (y_t als Abweichung vom angestrebten
Zielwert) günstig sein kann. Eine Stabilität derart, daß
r=1, die Amplitude einer bestimmten Schwingung also konstant
und hoffentlich klein (y_o oder w_o) ist, dürfte statistisch
so unwahrscheinlich sein, daß sie praktisch nicht vorkommt.
Auf solche Fragen werden wir noch anhand empirischer Modelle
im thematischen Teil eingehen.

2.1.5. Das System zweier Gleichungen in Matrix-Form

Zur Vorbereitung der Darstellung von Systemen mit beliebig
vielen Variablen - die für jede einigermaßen realistische
Forschung betrachtet werden müssen - formulieren wir das
Zweier-System (15),(16) jetzt in Matrix-Notation. Es sei
z_t der Spaltenvektor der beiden Elemente y_t und x_t, z_{t-1}
entsprechend der Spaltenvektor der Vorwerte und M die Matrix
der vier Werte $\left(\begin{smallmatrix} a & b \\ c & d \end{smallmatrix}\right)$ = M . Dann lautet (15),(16) jetzt :

$$(47) \qquad z_t = M \cdot z_{t-1}$$

Durch Iteration erhält man unmittelbar die Lösungsform

$$(48) \qquad z_t = M^t z_o \qquad ,$$

in der z_o der Spaltenvektor der Anfangswerte y_o und x_o ist.
Was hat diese Lösung mit (31) oder gar (45) zu tun ? Beide
gehen von (21) aus und sind damit während des ganzen Zeit-
verlaufs von den Werten und damit auch den Anfangswerten der
anderen Variablen unabhängig. z_o aber enthält beide Anfangswerte. Die Antwort geht aus (47) oder (48) bei $t > 1$ hervor.

Es sei w der Spaltenvektor mit den beiden Elementen w_1 und w_2 , die wir mit den Koeffizienten k und g in (21) gleich-setzen :

$$(49) \qquad w = \begin{pmatrix} w_1 \\ w_2 \end{pmatrix} = \begin{pmatrix} k \\ g \end{pmatrix}$$

Wir bilden eine Matrix Z_t aus den beiden Spaltenvektoren z_t und z_{t-1} bzw. Z_{t-1} aus z_{t-1} und z_{t-2} . Da nach (47) auch $z_{t-1} = Mz_{t-2}$ gilt, können wir (21) als eine einzige Matrix-gleichung so notieren :

$$(50) \qquad z_t = Z_{t-1}w$$

Es ist nachzuweisen, daß (50) sich mit (47) nicht wider-spricht. Wir setzen für die erste Spalte in Z_{t-1} , also für z_{t-1} Mz_{t-2} sowie für z_t in (50) $M^2 z_{t-2}$ und erhalten:

$$(51) \qquad M^2 z_{t-2} = (w_1 M + w_2 E)z_{t-2}$$

Die linksseitig mit z_{t-2} multiplizierten 2x2-Matrizen sind einander äquivalent, so daß gilt (E ist die Einheitsmatrix):

$$(52) \qquad M^2 = w_1 M + w_2 E$$

Dies sind vier Gleichungen mit den beiden unbekannten Skala-ren w_1 und w_2 bzw. k und g . Nach Ausführung der Quadratur M^2 erhält man :

$$(53) \qquad M^2 = \begin{pmatrix} a & b \\ c & d \end{pmatrix}^2 = \begin{pmatrix} a^2+bc & ab+bd \\ ac+cd & bc+d^2 \end{pmatrix} = \begin{pmatrix} ka+g & kb \\ kc & kd+g \end{pmatrix}$$

Gleichsetzung der beiden Elemente oben rechts oder der bei-den unten links ergibt k=a+d, was mit der Gleichsetzung der beiden Elemente oben links oder unten rechts kombiniert zu k = -(ad-bc) führt, womit dasselbe Ergebnis wie in (19) und (20) erreicht und der Nachweis der Verträglichkeit von (50) und (47) geführt ist.

Auch im allgemeinen Fall läßt sich zeigen, daß es einen Vektor mit n Elementen w_i (i=1,2,...n) analog zu (49) gibt, so daß für ein entsprechend erweitertes z_t und Z_{t-1} eine analoge Gleichung zu (50) an die Stelle des entsprechenden Analogons zu (47) treten kann.Diesem Fall gilt Abschnitt 2.16.

2.1.6. Der allgemeine Fall : n Gleichungen

Wir bezeichnen nun mit z_t einen Vektor mit n untereinander
stehenden Elementen, deren jedes eine verschiedene Variable
z_{it} darstellt $(i=1,2,3,\ldots n)$, die zugleich eine Funktion
der Zeit t ist. Anstelle von M verwenden wir nun A als Symbol für die nxn-Matrix mit dem allgemeinen Element (a_{ij}) in
der Zeile i und der Spalte j . Die verallgemeinerte Gleichung (47) heißt jetzt :

$$(54) \qquad z_t = A z_{t-1}$$

Nach den Regeln der Matrix-Multiplikation gilt ebenfalls :

$$(55) \qquad z_t = A^t z_o$$

Setzen wir das Verfahren fort, das zu (51) geführt hat, so
erhalten wir :

$$(56) \qquad A^n z_{t-n} = (w_1 A^{n-1} + w_2 A^{n-2} + \ldots w_n E) z_{t-n}$$

Dies ist wegen (54) und seiner iterativen Anwendbarkeit die
alternative Schreibweise zur Verallgemeinerung von (50) :

$$(57) \qquad z_t = w_1 z_{t-1} + w_2 z_{t-2} + \ldots + w_n z_o$$

(Die iterative Anwendbarkeit von (54) sieht formelmäßig so
aus :

$$(58) \qquad z_t = A^i z_{t-i} \qquad (i=0,1,2,\ldots n,\ldots t,\ldots))$$

Die Gleichung (56) enthält eine ebenfalls gültige Matrizen-
gleichung n.Grades in A, und zwar :

$$(59) \qquad A^n = w_1 A^{n-1} + w_2 A^{n-2} + \ldots + w_n E$$

Wir setzen $v_i = -w_i$ und schreiben (59) als Nullmatrix :

$$(60) \qquad A^n + v_1 A^{n-1} + v_2 A^{n-2} + v_{n-1} A^1 + v_n E = 0$$

Nach dem Satz von Cayley und Hamilton (siehe W.Gröbner 1956,
S.133-135 oder auch die Ausgabe der B-I-Hochschultaschen-
bücher 89,90/90a) genügt jede quadratische Matrix ihrer
charakteristischen oder Eigengleichung. Die Eigengleichung

von A geht aus (60) hervor, wenn man A durch den Skalar h
ersetzt, so daß eine skalare Gleichung n.Grades in h mit
den n Werten oder Wurzeln h_i (i=1,2,...n) entsteht, die auch
folgendermaßen definiert ist :

$$(61) \qquad \det(hE - A) = 0$$

Wir schreiben diese Eigengleichung von A für n=2 aus :

$$(62) \qquad \begin{vmatrix} h-a_{11} & -a_{12} \\ -a_{21} & h-a_{22} \end{vmatrix} = h^2 - h(a_{11}+a_{22}) + \det A = 0$$

Wie man sieht stimmen die Koeffizienten - bei Setzung von
M=A - dieser Gleichung mit dem Ergebnis von (53) und den
Konstanten in (19) und (20) überein. Übrigens ist (25) die
Eigengleichung von M = $\begin{pmatrix} ab \\ cd \end{pmatrix}$ - wie in (47) bezeichnet - und
h_1 und h_2 sind in (26) bis (35) die entsprechenden Eigen-
werte oder Wurzeln dieser Eigengleichung. Allgemein werden
sie als das <u>Spektrum</u> ihrer Matrix bezeichnet.
Wir werten noch die Eigengleichung von A für n=3 aus und
geben die Koeffizienten v_i als Funktionen der a_{ij} an :

$$(63) \qquad \begin{vmatrix} h-a_{11} & -a_{12} & -a_{13} \\ -a_{21} & h-a_{22} & -a_{23} \\ -a_{31} & -a_{32} & h-a_{33} \end{vmatrix} = h^3 + v_1 h^2 + v_2 h + v_3 = 0$$

Wie man aus (63) sofort nach den Regeln der Determinanten-
entwicklung ablesen kann :

$$(64) \qquad v_1 = -(\, a_{11} + a_{22} + a_{33}\,)$$

$$(65) \qquad v_2 = \begin{vmatrix} a_{11} & a_{12} \\ a_{21} & a_{22} \end{vmatrix} + \begin{vmatrix} a_{11} & a_{13} \\ a_{31} & a_{33} \end{vmatrix} + \begin{vmatrix} a_{22} & a_{23} \\ a_{32} & a_{33} \end{vmatrix}$$

$$(66) \qquad v_3 = -\det(A)$$

Die 2x2-Matrizen in (65) sind die Hauptminoren 2.Ordnung
von A, die Hauptdiagonalelemente in (64) die entsprechenden
Hauptminoren 1. Ordnung und Det(A) die Hauptminore 3. Ordnung. Die Hauptminoren i.Ordnung einer Matrix A von der

Ordnung nxn sind alle $\binom{n}{i}$ Unterdeterminanten der $\binom{n}{i}$ Unter-
matrizen von A, die sich als alle möglichen Kombinationen
von jeweils i Spalten (aus insgesamt n) und den genau
gleichnumerierten Zeilen ergeben. Mit dieser Definition
läßt sich (64) bis (66) für die allgemeine quadratische
Matrix A so verallgemeinern :

$$(67) \qquad v_i = f(A) = (-1)^i \cdot S_i \qquad (i=1,2,3,\ldots n)$$

Hierin ist S_i die Summe aller Hauptminoren i.Ordnung von A.
Nachdem man zur Lösung von (54) zunächst in einer ersten
Stufe mittels (67) die Koeffizienten der Eigengleichung v_i
und damit $w_i = -v_i$ gefunden hat, kann man nun von (57) ausgehen und mittels (61) oder durch Lösung von

$$(68) \qquad h^n + v_1 h^{n-1} + v_2 h^{n-2} + \ldots + v_n = 0$$

die Eigenwerte h_i $(i=1,2,3,\ldots n)$ von A ermitteln. Diese ergeben dann die allgemeine Lösung von (54) :

$$(69) \qquad z_{it} = p_{i1} h_1^t + p_{i2} h_2^t + \ldots + p_{in} h_n^t \qquad (i=1,2,\ldots n)$$

Die n Zeitfunktionen z_{it} (die Elemente des Vektors z_t sind)
unterscheiden sich also,wenn überhaupt, nur durch die noch
zu bestimmenden Koeffizienten p_{ij} (i ist Index der Variablen, j Index der Eigenwerte). Zur Bestimmung der p_{ij} bilden wir den Zeilenvektor $p_{i\cdot} = (p_{ij})$, den Zeilenvektor
$z_{i\cdot} = (z_{it-1})$ und die quadratische Matrix $H = (h_j^{t-1}) = (h_{jt-1})$
Dann läßt sich (69) – beschränkt auf die Werte für t=1 bis
n bzw. (innerhalb von (69)) für t=0 bis n-1 – als Matrix-
Gleichung so formulieren :

$$(70) \qquad z_{i\cdot} = p_{i\cdot} H \qquad\qquad \text{mit der Lösung :}$$

$$(71) \qquad p_{i\cdot} = z_{i\cdot} H^{-1}$$

$z_{i\cdot}$ enthält die n Anfangswerte von z_{it}, H^{-1} existiert nur
dann, wenn alle h_j voneinander verschieden sind, da det(H)
eine Vandermondesche Determinante und damit gleich dem Produkt aller Differenzen $(h_j - h_k)$ (mit j größer k) ist.

Stellt man alle Zeilenvektoren $p_{i.}$ und $z_{i.}$ zu quadratischen Matrizen P und Z zusammen, so tritt an die Stelle von (71) :

$$(72) \qquad P = Z \cdot H^{-1}$$

Damit sind die n^2 Koeffizienten p_{ij} (i,j = 1,2,...n) scheinbar durch die n^2 Anfangswerte z_{it-1} (i=1,2,...n;t=1,2,...n) vollkommenbestimmt. Nach (55) gehen aber alle Spalten außer der ersten (z_o) aus dieser ersten hervor, so daß alle n^2 P-Werte in Wirklichkeit nur von n z_o-Werten abhängen und daher keineswegs voneinander unabhängig sind.
Die Wurzeln oder Eigenwerte h_i von (61) bzw. (68) sind bei geradem n=2m in k konjugiert komplexe und m-k reelle Wertepaare aufzuteilen, bei ungeradem n=2m+1 gibt es außerdem noch mindestens eine reelle Wurzel (k=0,1,2,...m). Für jedes Paar konjugiert komplexer Eigenwerte gelten die Überlegungen, die zu (45) bzw. (46) führten. An die Stelle jedes entsprechenden Paares von Summanden in (69) tritt dann ein cos-Ausdruck mit den Konstanten w_{os}, r_s, β_s und w_{2s} für das Paar s (s=0,1,2,...k). Von diesen vier das System (54) mitkennzeichnenden (wenn k nicht 0 ist) oder vollständig kennzeichnenden (wenn n gerade ist,weil n=2k) Parametern sind r_s und β_s unabhängig von den einzelnen Variablen z_{it} für das Gesamtsystem charakterietisch, während die w-Werte variablen-spezifisch sind. Wir müssen daher schreiben : w_{ois} und w_{2is} , kürzen diese beiden Ausdrücke aber ab und setzen $l_{is} = w_{ois}$ und $w_{is} = w_{2is}$ (w_1=1 entfiel sowieso). Die allgemeine Lösung von (54) lautet also :

$$(73) \qquad z_{it} = p_{i1}h_1^t + p_{i2}h_2^t + \dots + p_{in-2k}h_{n-2k}^t$$
$$+ \, l_{i1}r_1^t\cos(\beta_1 t + w_{i1}) + l_{i2}r_2^t\cos(\beta_2 t + w_{i2}) + \dots$$
$$\dots + l_{ik}r_k^t\cos(\beta_k t + w_{ik}) \qquad \begin{matrix}(i=1,2,\dots n)\\(k=0,1,2,\dots m)\end{matrix}$$

Der Wert von k variiert natürlich innerhalb des Systems (54) oder seiner Lösung (73) nicht, sondern ist mit dem Spektrum der Eigenwerte h_j und damit mit A fest vorgegeben.

2.2   Ein Sonderfall linearer Systeme : Markoff-Ketten

Ist irgend einer der Werte h_j oder r_s in (73) größer als 1 ,
so wird das System unbegrenzt wachsen, drastisch schrumpfen
(bei entsprechenden negativen Koeffizienten) oder wachsen-
den Schwankungen mit exponentiell steigenden Amplituden
unterworfen sein. Es herrscht dann Instabilität.
Ist umgekehrt der größte der kritischen Werte h_j oder r_s
noch kleiner als 1 , so werden im Laufe der Zeit alle Werte
der Variablen z_{it} O werden. Das System ist dann zwar stabil,
aber es erlischt allmählich,und der Prozess (54) findet
nicht mehr statt (A^t wird zur O-Matrix, z_t zum O-Vektor).
Die einzige Möglichkeit aktiver , prozeßerhaltender Stabilität liegt darin, daß das größte h_j = 1 ist. Am Schluß von
2.1.4. schlossen wir diese Möglichkeit als sehr unwahrscheinlich aus. Bei Markoff-Ketten gilt diese Stabilität
definitorisch als sicher. Wir gehen von einem einfachen
Fall aus.

2.2.1.   Kurze Kennzeichnung von Markoff-Ketten

Wir interpretieren das System der beiden Differenzen-Gleichungen (15) und (16) wie folgt. Es gibt zwei Zustände U und
V . Ein Individuum muß sich stets in einem davon befinden.
Die Wahrscheinlichkeit, daß es sich zum Zeitpunkt t in U
befindet, sei y_t , daß es sich in V befindet, x_t . Nach Voraussetzung gilt also :

$$(74) \qquad\qquad y_t + x_t = 1$$

Wir deuten nun a als die Wahrscheinlichkeit dafür, daß sich
ein Individuum, das sich in t-1 in U befand, auch noch in t
in U befindet. Entsprechend ist b die Wahrscheinlichkeit
für den Übergang von V zu U zwischen t-1 und t . Es ist
klar, daß man im Zustand U nur zwei Möglichkeiten hat : entweder man bleibt in U (mit der Wahrscheinlichkeit a) oder
man geht zu V über (mit der Wahrscheinlichkeit c). Deshalb
gilt :

(75) $\qquad$ $a + c = 1$ $\qquad$ und analog

(76) $\qquad$ $b + d = 1$.

Man kann also (15) und (16) jetzt so schreiben :

(77) $\qquad$ $y_t = ay_{t-1} + bx_{t-1} = (a-b)y_{t-1} + b$

(78) $\qquad$ $x_t = (1-a)y_{t-1} + (1-b)x_{t-1} = (a-b)x_{t-1} + 1-a$

Man sieht, daß eine Reduktion wie von (15),(16) auf (19), (20) gar nicht mehr erforderlich ist, da wegen (74) bis (76) das System sofort in zwei isolierte inhomogene Differenzen-Gleichungen **erster** Ordnung zerfällt. (77) ist gleichbedeutend mit (10) und führt - wenn man das dortige a durch a-b und das c durch b ersetzt - genau zur Lösung (12), womit der dort hervorgehobene Sonderfallcharakter von (10) erwiesen ist. Wir erhalten :

(79) $\qquad$ $y_t = \dfrac{b}{1+b-a} + \left(y_0 - \dfrac{b}{1+b-a} \right)(a-b)^t$

(80) $\qquad$ $x_t = \dfrac{1-a}{1+b-a} + \left(x_0 - \dfrac{1-a}{1+b-a} \right)(a-b)^t$

(Der Leser mache die Probe und addiere diese beiden Gleichungen, um zu sehen , ob (74) erfüllt ist!)
Wendet man das Verfahren (19) bis (31) an, so ergeben sich als Eigenwerte der als Matrix $A = \begin{pmatrix} a & b \\ 1-a & 1-b \end{pmatrix}$ geschriebenen Koeffizienten des Systems (77),(78) :

(81) $\qquad$ $h_1 = 1$

(82) $\qquad$ $h_2 = a-b$

Der erste Summand von (79) und (80) enthält kein t mehr, da $h_1^t = 1^t = 1$. Das ist der Ausdruck der Stabilität(siehe 2.2.2.)

Schließlich sei (77) und (78) in Matrixform wie (47) oder allgemein (54) gebracht :

(83) $\qquad$ $z_t = \begin{pmatrix} y_t \\ x_t \end{pmatrix} = \begin{pmatrix} a & b \\ 1-a & 1-b \end{pmatrix} \begin{pmatrix} y_{t-1} \\ x_{t-1} \end{pmatrix} = Az_{t-1}$

Die iterativ erzeugte Lösung führt zu einer Potenzierung der Matrix A, nämlich zu A^t, und damit zu der Frage im Anschluß an (48). An dieser Stelle kann eine direktere Ant-

wort gegeben werden, weil die Einschränkungen des Differen-
zen-Gleichungssystems durch die Definition der Markoff-Kette das Problem vereinfachen. Die Lösung von (83) ist

$$(84) \qquad z_t = A^t z_0 \,,$$

und bei Berücksichtigung von (74) für $t=0$, also $x_0 = 1-y_0$,
kann man einen Koeffizientenvergleich für y_0 bzw. x_0
zwischen $A^t = K_t$ und (79),(80) Element für Element durchführen und erhält :

$$(85) \qquad A^t = \begin{pmatrix} a & b \\ 1-a & 1-b \end{pmatrix}^t = L\left(\begin{pmatrix} b & b \\ 1-a & 1-a \end{pmatrix} + (a-b)^t \begin{pmatrix} 1-a & -b \\ a-1 & b \end{pmatrix}\right)$$

Hierin ist $L = (1+b-a)^{-1}$. Die beiden Matrizen in der großen Klammer sind zu addieren und bilden dann eine einzige
Matrix mit den vier K_t-Elementen :

$$\begin{aligned} k_{11}(t) &= L(b+(1-a)(a-b)^t) \\ k_{12}(t) &= Lb(1-(a-b)^t) \\ k_{21}(t) &= L(1-a)(1-(a-b)^t) \\ k_{22}(t) &= L(1-a+b(a-b)^t) \end{aligned}$$

Der Leser versuche, durch sukzessive Potenzierung von A
diese Ausdrücke zu erhalten ! (Als Hinweis für den Start
siehe die Matrizenquadrierung (53)). Im übrigen prüfe er
ihre Richtigkeit durch Einsetzen in (84) und Vergleich des
Ergebnisses mit (79) und (80) .

2.2.2.   Gleichgewicht und Grenzwert bei Markoff-Ketten

Da a und b als definierte Wahrscheinlichkeiten zwischen
0 und 1 liegen , ist dies auch für den absoluten Betrag von
a-b der Fall.(Bei $a-b=0$ wird $y_t=b$ und $x_t=1-a$, bei $a-b=1$
dagegen ist L nicht mehr definiert und man erhält — wie
bereits im vorletzten Abschnitt von 2.1.2. erwähnt — eine
ganz andere Lösung, nämlich $y_t=y_0+bt$ und $x_t=x_0-bt$). Daher
verschwindet $(a-b)^t$ in (85) bei wachsendem t und als Limes
von A^t ergibt sich die zeitunabhängige Matrix A_e :

$$(86) \qquad A_e = (1+b-a)^{-1} \begin{pmatrix} b & b \\ 1-a & 1-a \end{pmatrix}$$

Der entsprechende Grenzwert von z_t ist $z_e = \begin{pmatrix} y_e \\ x_e \end{pmatrix}$ und ergibt sich wegen $y_o + x_o = 1$ aus (84) wie folgt :

$$(87) \qquad z_e = A_e z_o = L \begin{pmatrix} b & b \\ 1-a & 1-a \end{pmatrix} \begin{pmatrix} y_o \\ 1-y_o \end{pmatrix} = (1+b-a)^{-1} \begin{pmatrix} b \\ 1-a \end{pmatrix}$$

y_e und x_e weisen hier die "Freiheit vom Anfang", nämlich von y_o und x_o auf, von der im Anschluß an (12) die Rede war. Der Prozeß kann also beginnen wo er will , er endet immer bei z_e . Diese Eigenschaft wird als "Ergodizität" bezeichnet.

z_e kann man allerdings ohne die umständliche Ermittlung von K_t in (85) und darüber hinaus ohne alle Kenntnis der Lösung (79) und (80) direkt durch die Überlegung erhalten, daß – wenn ein Grenzwert z existiert – dieser sich dadurch auszeichnen muß, daß er durch Multiplikation mit A wie in (54) oder (83) nicht mehr geändert werden kann. Ein solcher Grenzwert z wird also , wie man sagt, "invariant gegen lineare Transformationen" sein, oder in Matrix-Form :

$$(88) \qquad z_e = A z_e$$

Es muß also $z = z_e$ im Sinne von (88) sein. Da auch $y_e + x_e = 1$, folgt aus (88) : $y_e = a y_e + b(1-y_e) = (a-b) y_e + b = (1+b-a)^{-1} b$ (wie in (87)) und $x_e = 1 - y_e = (1+b-a)^{-1}(1-a)$ (ebenfalls). Damit z_e existiert, muß ein Eigenwert von A 1 sein oder :

$$(89) \qquad h E z_e - A z_e = (hE-A) z_e = 0 \quad \text{und} \quad \det(hE-A) = 0 \text{ muß}$$

eine Wurzel $h_j = 1$ haben. Dies ist aber der Fall, und so hängen (88) und (81) bzw.(61) innerlich zusammen.

Die hier am Zwei-Variablen-Fall aufgewiesenen Zusammenhänge gelten allgemein für Markoff-Ketten . Insbesondere gilt, daß $h_j = 1$ und ein Gleichgewichtszustand existiert, wenn die Summe der Elemente jeder Spalte von A gleich 1 ist. Dies ist genau gegeben, wenn wir die Überlegung am Anfang von 2.2.1. von den beiden Zuständen U und V auf n Zustände U_1 ,

$U_2, \ldots U_n$ übertragen. Da jeder nur n Alternativen bei der Wahl des nächsten Zustands hat, nämlich, im bisherigen zu bleiben oder zu einem der n-1 anderen überzuwechseln, muß die Summe der Übergangswahrscheinlichkeiten a_{ij} beim Wechsel von U_j zu U_i (wobei die "Bleibewahrscheinlichkeit" a_{jj} als Sonderfall i=j auftritt) zwischen der Periode t-1 und t genau 1 sein; denn es ist ja sicher, daß man irgend wohin geht oder da bleibt, wo man in t-1 war.

Daß diese Eigenschaft ($a_{1j}+a_{2j}+\ldots+a_{nj} = 1$ für j=1,2,...n) zu h=1 führt, sieht man als plausibel an , wenn man von hz=Az in Anlehnung an (89) ausgeht und mit dem Zeileneinheitsvektor ä = (111...1) linksmultipliziert. Die Summe aller z-Elemente sei Z. Dann ergibt sich ähz=hZ und auf der rechten Seite äAz=äz=Z, also hZ=Z und - da Z und h Skalare sind - h=1 .

2.3. Lineare Differenzen- und Differentialgleichungen

Die Ableitung einer Funktion y=f(t) nach der Zeit t wird normalerweise mit einem Punkt über der Variablen angegeben: $\dot{y}$. Differenziert man zweimal, so zeigt man das durch zwei Punkte an : $\ddot{y}$. Die einfachste lineare Differentialgleichung lautet :

$$(90) \qquad\qquad \dot{y} = y$$

Sie hat die Lösung

$$(91) \qquad\qquad y = c \cdot e^{t}$$

Die Integrationskonstante c läßt sich sofort als $y_o = f(0)$ bestimmen. Die Differenzengleichung $y_t = y_{t-1}$ ergibt nur $y_t = y_o$, doch $y_t - y_{t-1} = y_{t-1}$ ergibt $y_t = 2^t y_o$, wie man leicht nachprüfen kann. Diese Lösung ist ebenfalls eine Exponentialfunktion der Zeit wie (91).

Die erste Erweiterung von (90) ist $\dot{y} = ay$ mit der Lösung $y = y_o e^{at}$. Ähnlich ergibt $y_t = ay_{t-1}$ die Lösung $y_t = y_o a^t$. Bei der Formulierung von Differentialgleichungen ist die Zeitfolge nicht mehr unmittelbar ablesbar wie bei Differen-

zengleichungen. Denkt man sich $\dot{y}$ als Wachstumsrate und y
als Bestandsgröße, so ist bei (90) eine doppelte Kausalrichtung vorstellbar. Ein hoher Bestand steigert das Wachstum und dieses führt in Zukunft zu noch höheren Beständen.
Dies müßte mit zwei verschiedenen Differenzengleichungen
ausgedrückt werden, etwa :

$$(92) \qquad y_t - y_{t-1} = a y_{t-1}$$

$$(93) \qquad y_t = b(y_t - y_{t-1})$$

Setzt man in die Klammer rechts in (93) die linke Seite
von (92) ein , so zeigt sich die "gegenseitige" Unterstütz-
ung der "Wachtumsförderung" (a) und der "Bestandsvermehr-
ung" (b) unmittelbar : $y_t = a b y_{t-1}$ mit der expliziten
Zeitfunktion $y_t = y_o (ab)^t$ als Lösung. Beide Wirkungen poten-
zieren sich und wirken auf die Wirksamkeit des andern noch-
mals ein. Die Selbstbeeinflussung von Prozessen ist natürlich auch mittels Differentialgleichungen beschreibbar .
Aber Differenzengleichungen sind elementarer und allgemeiner. Andere Vorteile werden bei den Anwendungen noch hervor-
treten.
Das System zweier gewöhnlicher linearer Differentialgleichungen führt zu einem ähnlichen Lösungsmechanismus wie das
entsprechende Differenzen-Gleichungssystem :

$$(94) \qquad \dot{y} = ay + bx$$

$$(95) \qquad \dot{x} = cy + dx$$

Nochmaliges Differenzieren ergibt :

$$(96) \qquad \ddot{y} = a\dot{y} + b\dot{x}$$

$$(97) \qquad \ddot{x} = c\dot{y} + d\dot{x}$$

Die beiden Gleichungen (94) und (95) entsprechen genau (15)
und (16), (96) und (97) genau (15)' und (16)'. Analog zu
(19) und (20) erhalten wir nun :

$$(98) \qquad \ddot{y} = (a+d)\dot{y} - (ad-bc)y$$

$$(99) \qquad \ddot{x} = (a+d)\dot{x} - (ad-bc)x$$

Gemäß (91) wählt man als Lösungsansatz $y_t = e^{at}$ und kommt so

zu einer quadratischen Gleichung analog zu (25), wobei wir
- um Verwechslungen mit dem "a" in (94),(96) zu vermeiden -
$y_t = e^{ht}$ schreiben . Wir erhalten dann :

$$(100) \qquad h^2 = (a+d)h - (ad-bc)$$

Je nach Konstellation der Größen k = a+d und g=bc-ad wird
(94),(95) zu einer zyklischen oder azyklischen Verlaufsform führen.
Dieser Spezialfall für zwei variable Größen läßt sich wie
in 2.1.6. nach dem Satz von Cayley-Hamilton ebenfalls auf
den Fall mit n Variablen verallgemeinern und führt Lösungen
wie (73)auch für Differentialgleichungen ein.
Spätestens bei Gleichung (45) taucht nun die Frage auf, ob
denn t nur diskrete Werte annehmen kann, wie bei der Definition von Differenzengleichungen ursprünglich , etwa in
(5)'' impliziert. Tatsächlich ist diese Einschränkung
nicht notwendig und im Falle von trigonometrischen Funktionen würde sie erheblich stören. Bei Differentialgleichungen wird die Zeit natürlich von vornherein als stetig eingeführt. Bei Differenzengleichungen müßten zusätzlich ge-
brochene Werte für m in (6) und (7) zugelassen werden. An
die Stelle von t tritt etwa t/ß. Wirwerden auf ein ent-
sprechendes prognosepraktisches Beispiel noch eingehen.

2.4. Nicht-lineare Differenzen-Gleichungen

Eine nicht-lineare Gleichung wie

$$(101) \qquad p_t = p_{t-1} + kp_{t-1} - kp_{t-1}^2$$

ist keineswegs schematisch iterativ aufzulösen.Ein Lösungsansatz bietet sich nicht an. Nur bei k=1 erhält man iterativ

$$(102) \qquad p_t = 1 - (1-p_o)^{2^t}$$

Diese Doppelpotenz läßt die Verwicklungen ahnen, in die
man bei allgemeineren Typen von Differenzengleichungen ge-
rät. Eine Differentialgleichung wie $\dot{y} = y(c-y)$ ist zwar

das pendent zu (101), ist aber linear in $\dot{y}$ und kann sofort
integriert werden :

$$(103) \qquad y = c(1+be^{-ct})^{-1}$$

Der Grenzwert von $y=y_t$ für über alle Grenzem wachsendes t
ist bei positivem c stets c. b ergibt sich aus der Anfangs-
wertbedingung $y_o = c(1+b)^{-1}$ als $b = y_o(c-y_o)^{-1}$.
Damit ist die Gleichung

$$(104) \qquad \dot{y} = y(c-y)$$

gelöst. Sie stellt das durch Annäherung an einen obersten
Wert (Wachtumsgrenze) sich selbst verlangsamende Wachstum
dar. Allerdings wächst y von t=0 bis $t=c^{-1}(\ln(c-1)^{-1}b)$ überproportional, von da ab unterproportional. Der Leser kann
das leicht nachweisen durch Bildung von $\ddot{y} = \dot{y}(c-y) - \dot{y}^2 = 0$.

Welche Komplikationen bereits auftreten können, wenn man
den Koeffizienten zunächst linearer Differenzengleichungen
auch nur die Form linearer Zeitfunktionen gibt, so daß nicht
lineare Differenzengleichungen entstehen, kann der Leser
etwa aus Harder 1969(S.102) entnehmen.

2.5. z-Transformation und Spektraldarstellung

Um die Potenzen der Matrix der Übergangswæhrscheinlichkeiten
bei Markoff-Ketten elementenweise darstellen zu können,ver-
wendet man oft die sogenannte z-Transformation. Wenn f(t)
eine Funktion von t ist, so ist ihre z-Transformation als

$$(105) \qquad F(z) = f(0) + f(1)z + f(2)z^2 + ...$$
$$\text{(unendliche Reihe)}$$

definiert. Bei f(t) = 1 (für ganze, nicht-negative t) erhält man zum Beispiel die geometrische Reihe und

$$(106) \qquad F(z) = (1-z)^{-1}$$

Bei Howard 1960 (S.9) findet man eine kleine Tabelle mit
Funktionsformen f(t) und dem entsprechenden F(z), die auch
umgekehrt gelesen werden kann, da die Zuordnung zwischen

beiden ein-eindeutig ist. Wir haben dieses Verfahren nicht
angewandt, weil es für die einfachen Markoff-Prozesse, auf
die wir uns beschränken, nicht mehr leistet als der Koeffizientenvergleich für die Anfangswerte des Systems, den wir
zur Darstellung von (85) gebraucht haben. Diese Gleichung
gibt die Potenz von A als gewichtete Summe zweier Matrizen
wieder. Die Gewichte sind die Potenzen der Eigenwerte, deren
einer $h_1=1$ und deren anderer dort $h_2=a-b$ war. Allgemein
nennt man dies die Spektraldarstellung einer Matrix-Potenz
und schreibt :

$$(107) \qquad A^t = h_1^t C_1 + h_2^t C_2 + h_3^t C_3 + \ldots h_n^t C_n$$

Wie im Anschluß an (62) vermerkt, heißen die Eigenwerte h_i
einer quadratischen Matrix A ihr Spektrum. Die C_i (i=1,2..)
sind ebenfalls quadratische Matrizen von der Ordnung n und
enthalten keine Zeitfunktionen mehr. Ihre Summe über alle i
von 1 bis n ergibt die Einheitsmatrix E , ihr paarweises
Produkt die Nullmatrix. Außerdem gilt $C_i^t = C_i$ (i=1,2,...n).
Bartholomew 1967 (S.42 ff.) verwendet bei seiner Behandlung
stochstischer Prozesse diese Spektraldarstellung.
Wie gesagt bietet die z-Transformation eine Technik der
Ermittlung der C_i , wenn man A bzw. A^t implizit vorgegeben
hat.
Bei (107) ist noch vorausgesetzt, daß die h_i alle voneinander
verschieden sind, sonst ergeben sich Komplikationen, auf die
wir hier nicht weiter eingehen.

3. Einfache und komplexe Zeitverläufe

Differenzen- und Differentialgleichungen geben Zeitfunktionen - wenn überhaupt - nur implizit an. Sie stellen
einen theoretischen Ansatz dar, der den Zusammenhang zwisch-
en Änderungsraten, Differenzen, zeitlichen Verschiebungen
und Funktionen postuliert und aus dem dann deduktiv die
explizite zeitliche Verlaufsform aller involvierten Variablen geschlossen werden kann, wenn es technisch möglich ist.
Die Daten der empirischen Sozialforschung - soweit sie
zeitbezogen sind - treten dagegen als Zeitreihen auf. Diese
sind natürlich keine analytischen, durch einen geschlossenen Funktionsausdruck beschreibbaren expliziten Zeitfunktionen, sondern sie sind stochastisch gestört. Bei der Zeit-
reihenanalyse geht man diesen Störungen nach, versucht, hinter ihnen eine Ordnung zu finden und sie als Mischungen
einfacher und "reiner" Kurvenformen - etwa Wellenbewegungen
wie in (73) bei k =1,2,... - zu entlarven. Man kann dabei
ganz atheoretisch vorgehen und sich einfach bestimmte
rechnerisch simple Zeitverläufe vorstellen und ihre Bei-
zahlen dann mittels der Daten zu schätzen versuchen. Die
Annahme , daß hinter dem Verlaufsbild der tatsächlichen
Daten eine Gesetzmäßigkeit oder Regelmäßigkeit steckt, ist
freilich eine reine Unterstellung, die dazu noch theoriefrei
sein kann. Wir wollen uns zunächst mit der Phänomenologie
solcher naiven Verlaufsunterstellungen befassen.

3.1. Der lineare Trend

Wie zu Beginn von 2.2.2. erwähnt, ergibt sich der lineare
Zeitverlauf , wenn beide Eigenwerte einer quadratischen
Matrix A zweiter Ordnung (n=2) eins sind. Noch einfacher
ergab sich dies aus (10) bei a=1. Wir schreiben :

$$(108) \qquad y_t = a + bt + u_t \qquad (t=1,2,\ldots T)$$

Da u eine Störgröße ist und a und b Konstante sind, wird
in dieser Gleichung nichts zu erklären versucht. Die empi-

rische Zeitreihe y_t paßt sich mehr oder weniger gut an eine
ideale Gerade an . Es gibt genau eine Realisation für jeden
der T Werte von t . Die Summe und damit der Erwartungswert
von u sollen 0 ergeben, ihr Quadrat soll ein Minimum sein.
Die Schätzwerte für a und b sind dann

$$(109) \qquad \begin{pmatrix} \bar{b} \\ \bar{a} \end{pmatrix} = \frac{2}{n(n^2-1)} \begin{pmatrix} 6 & -3(n+1) \\ -3(n+1) & (n+1)(2n+1) \end{pmatrix} \begin{pmatrix} \sum_t yt \\ \sum_t y_t \end{pmatrix}$$

Hinsichtlich (108) ist T=n und (109) gibt in Matrixform
die allgemeinen Schätzformeln an .

Wir wenden jetzt diese Formel auf ein etwas komplizierteres
empirisches Beispiel an.

3.1.1. Empirisches Beispiel : Fernsehgerätestand 1957-60

DieVerbreitung neuer technischer Geräte vollzieht sich
grob gesehen nach der logistischen Wachstumsfunktion.Aller-
dings fällt in der Nachkriegszeit ein charakteristischer
Saisonrhythmus auf, der für PKWs anders ist als für langfristige Haushaltsgeräte. Fernsehgeräte waren am 1.1.1957
etwa 1,12 Mill. bei der Bundespost angemeldet. Das Wachstum
des Gerätebestandes zeigt eine doppelte Bewegung : über
die Jahre hinweg steigt der Bestand überproportional, also
nicht einfach linear. Dieser Trend wird aber überlagert
von einer wellenartigen Bewegung mit einer maximalen Stei-
gerungsrate vom 1.Januar zum 1.Februar (dies sind offensicht-
lich die etwas später angemeldeten Weihnachtsgeräte) und
einer deutlichen Abschwächung jeden Sommer. Um die Saison
auszuschalten kann man auf den Gedanken kommen, von jedem
Bestandswert den des gleichnamigen Monats im Vorjahr abzu-
ziehen :

$$(110) \qquad v_t = x_t - x_{t-g}$$

Hier ist x_t der Bestand am 1. des t. Monats (t=0 am 1.1.57),
x_{t-g} der Bestand g Monate früher und v_t die gleitende

Differenz über g Monate, also z.B. v_{13} ist die Veränderung am 1.2.58 gegenüber dem 1.2.57, wenn g=12 Monate ist. Bei der Eintragung der 28 v_t-Werte vom 1.1.58 bis 1.4.60 erscheint ein fast perfekter linearer Trend dieser gleitenden Differenzen, so daß der Ansatz nahe liegt :

$$(111) \qquad v_t = x_t - x_{t-g} = a + bt + u_t$$

Wir geben die jährlichen Gerätezuwächse v_t in 10 000 an :

t	v_t	t	v_t	t	v_t	t	v_t
1	54	8	79	15	99	22	114
2	59	9	82	16	102	23	114
3	64	10	82	17	104	24	120
4	68	11	85	18	105	25	125
5	69	12	88	19	107	26	128
6	73	13	92	20	108	27	131
7	76	14	96	21	109	28	134

Wir setzen v für y in (109) ein und erhalten die Schätzwerte
$$\bar{a} = 55,55 \qquad \text{und} \qquad \bar{b} = 2,74$$
Da die Streuungen $s_u^2 = 14,45$ und $s_v^2 = 502,00$ sind und der Korrelationskoeffizient im Quadrat $1- L$ ist (L ist der Quotient beider Streuungen), so erhalten wir $r^2=0,971$. Es wird also durch die lineare Trendannahme 97,1% der Varianz von v_t "erklärt".

Die Hauptaufgabe ist noch ungelöst, nämlich (111) nach x_t aufzulösen, genauer :

$$(112) \qquad x_t - x_{t-g} = \bar{a} + \bar{b}t$$

Dazu setzen wir t = sg und erhalten

$$(113) \qquad x_{sg} - x_{g(s-1)} = \bar{a} + \bar{b}sg$$

Wir bilden die Summe über alle s von 1 bis n und haben :

$$(114) \qquad x_{ng} - x_o = \bar{a}n + \frac{\bar{b}}{2}gn(n+1)$$

Nun setzen wir ng=T und erhalten eine Lösung nach x_T :

$$(115) \qquad x_T = x_o + T\left(\frac{\bar{a}}{g} + \frac{\bar{b}}{2} \right) + T^2\frac{\bar{b}}{2g}$$

Einsetzen der Schätzwerte sowie von g=12 (Monate) ergibt

$$(116) \qquad x_T = 1,12 + 0,065 \, T + 0,00115 \, T^2$$

Hier wird X in Mill. gemessen. Mit (116) ist eine Parabel
gefunden, die sich aus linearen Zuwächsen errechnen ließ.
Die Prognose über t=28 hinaus kann höchstens solange richtig
sein,wie der durch die Schätzwerte von a und b gekennzeich-
nete Trend erhalten bleibt. In der Realität zeigte sich,
daß v vom April 1960 bis November 1960 auf einem Niveau von
etwa 133 (siehe Tabelle) stagnierte und dann etwa im gleichen
Winkel abstieg wie es aufgestiegen war (also wurde b zu
-2,74 angenommen). Mit dieser Annahme ergab sich eine Prognose , die - aus zwei Parabeln zusammengesetzt - bis in
die Mitte der sechziger Jahre zu ziemlich genauen Prognosen
führte.

3.2. <u>Nicht-lineare Trends</u>

Hätten wir anstatt mit dem saisonausschaltenden v_t direkt
mit x_t eine Parabelanpassung vorgenommen, so wären sowohl
ungenauere als auch andere Schätzwerte als die in (116)
herausgekommen; wegen der Berücksichtigung der Saison
kamen wir aber zu einer Gleichung wie (112), die nicht auf
Anhieb oder mit den Mitteln des 2.Kapitels lösbar war.
Ein mehr mechanisches Vorgehen hätte aber auch zu einem
höheren Rechenaufwand geführt, wie der folgende Abschnitt
zeigt.

3.2.1. <u>Quadratische,kubische und Formen höheren Grades</u>

Wir betrachten die quadratische Form

$$(117) \qquad y_t = a + bt + ct^2 + u_t$$

a,b und c sollen wieder nach der Methode der kleinsten
Quadrate geschätzt werden, indem die Summe aller u_t^2 minimiert wird. Zur Abkürzung der Bestimmungsgleichungen sei
S_j die Summe aller t^j für t=1,2,...n. Dann gilt :

$$(118) \quad \begin{pmatrix} \sum y \\ \sum yt \\ \sum yt^2 \end{pmatrix} = \begin{pmatrix} S_o & S_1 & S_2 \\ S_1 & S_2 & S_3 \\ S_2 & S_3 & S_4 \end{pmatrix} \cdot \begin{pmatrix} a \\ b \\ c \end{pmatrix}$$

Die Summen S_k sind nach folgender Rekursionsformel - die auch eine Differenzengleichung darstellt - zu bilden :

$$(119) \quad S_k = (k+1)^{-1}\left((1+n)^{k+1}-1 - \sum_{i=1}^{k} \binom{k+1}{i-1}S_{i-1}\right)$$

Es ergibt sich dann :

$$2S_1 = n(n+1)$$
$$6S_2 = n(n+1)(2n+1)$$
$$4S_3 = n^2(n+1)^2$$
$$30S_4 = n(n+1)(6n^3 + 9n^2 + n - 1)$$

Wir geben die Auflösung von (118) nach a, b und c so an, daß wir die 6 verschiedenen Elemente der zur quadratischen Matrix in (118) Inversen hinschreiben. Sie heiße M und da für ihre Elemente gilt: $m_{ij} = m_{ji}$ (Symmetrie, da auch ihre Ursprungsmatrix M^{-1} symmetrisch ist), geben wir nur folgende an - wobei $L^{-1} = 3^{-1}n(n-1)(n-2)$ ist - :

$$
\begin{aligned}
m_{11} &= L(3n^2 + 3n + 2) \\
m_{12} &= L(-6(2n+1)) \\
m_{13} &= 10L \\
m_{22} &= L\frac{8n+4}{n+1}\cdot\frac{8n+11}{n+2} \\
m_{23} &= -60\cdot L(n+2) \\
m_{33} &= 60\cdot L(n+1)(n+2)
\end{aligned}
$$

(120)

Man braucht also nur n, die Länge der Zeitreihe, zu kennen, um nach (120) die Elemente von M zu berechnen und dann durch Linksmultiplikation mit dem linksseitigen Vektor in (118) den rechtsseitigen mit den Schätzwerten für a , b und c zu erhalten. Die empirische Information steckt einzig und allein in y bzw. y_t .

Über (117) hinausgehend kann man beliebige Polynome bilden:

$$(121) \qquad y_t = a_0 + a_1 t + a_2 t^2 + a_3 t^3 + \ldots + a_m t^m$$

Wie bereits (119) und vor allem (120) ahnen läßt, wird der
Formelaufwand schnell unerträglich. Die überall zur Verfügung stehenden entsprechenden Computer-Programme lassen
den Anwender das aber schnell vergessen oder gar nicht
erst merken. Aber auch rechnungssparende Methoden wie die
des Orthogonalpolynomialausgleichs (Hüsser 1957) kommen
den Kurvenanpassern entgegen.
Je größer die Anzahl der Summanden und damit der Koeffizienten in (121), desto besser schmiegt sich die Kurve einer
gegebenen Punkteformation an, bei m+1 Punkten sogar exakt.
Ein Polynom kann schließlich bei wachsendem m beliebig
viele Wendepunkte haben und als unendliche Reihe gemäß
der Taylor'schen Entwicklung auch trigonometrische Funktionen wie sin und cos ersetzen.

3.2.2. Exponentielles Wachstum

Wie wir schon sahen, ist exponentielles Wachstum theoretisch interessanter, da es sich aus Differenzen- oder
Differentialgleichungen ergibt, wenn mindestens ein Eigenwert der Koeffizientenmatrix größer als 1 ist. Sachlich
bedeutet das, daß im System eine oder mehrere positive
Rückkopplungen dominieren und das System entweder auf einen
Katastrophenpunkt zutreiben oder zu einer Neuanpassung
führen müssen. Ein Wachsen des Systems in mehreren Dimensionen kann immer nur vorübergehend funktionieren, wenn
der Spielraum begrenzt ist. Für die Heuristik der Entdek-
kung gefährlicher Zeitverläufe ist es entscheidend, wie
man die Koeffizienten beim exponentiellen Wachstum etwa
schätzt. Bereits (9) stellt ein solches Problem :

$$(122) \qquad y_t = ab^{ct} + u_t$$

Wenn man sich u_t "wegdenkt", kann man durch Logarithmierung eine lineare Form erhalten :

(123)
$$z_t = \ln y_t = \ln a + ct\ln b + v_t$$

Nach der Methode der kleinsten Quadrate erhält man durch
sinngemäße Anwendung von (109) - man ersetze das dortige
y durch z, $\bar{a}$ durch lna und $\bar{b}$ durch c·ln b -
$$\bar{a} = \ln a \quad \text{und daher } a = e^{\bar{a}}$$
$$\bar{b} = c\cdot\ln b \ .$$

Diese letzte Gleichung ist nicht nach c und b zugleich aufzulösen, da eine Gleichung fehlt. Man muß also b willkür-
lich festlegen und kann dann c bestimmen. Bei b=e bleibt
als Zeitanteil von (123) nur ct, da ln e = 1 .

Beispiel : <u>Wachstum der Computerzahl in der BRD</u>

Als Beispiel für die intuitive Irrtumsmöglichkeit fertige
man eine Graphik der bei Waterkamp 1970 (S.22) angegebenen
Zeitreihe der Anzahl der Computer an :

Jahr	t	y_t	$\ln y_t$
1959	1	94	4,54
1961	2	308	5,74
1963	3	690	6,53
1965	4	1657	7,40
1967	5	2963	8,00
1969	6	4850	8,48
1971	7	7000	8,75
1973	8	9300	9,13
1975	9	11550	9,35

(Ab 1971 handelt es sich um Prognosen). Als Zeichnung sug-
geriert y_t einen exponentiellen Verlauf, der im Einklang
mit solchen Feststellungen zu stehen scheint wie :"Das Com-
puterwachstum verdoppelt sich alle zwei Jahre". Schon der
hier nur auf Rechenschiebergenauigkeit berechnete $\ln y_t$
zeigt aber als Graphik ab 1967 schon eine deutlich abgeschwächte Verlaufsform, so daß ein Ansatz wie (123) sicher
mißglückt. Der Leser wähle einen quadratischen Ansatz und
wende die Formeln (118) bis(120) an und entlogarithmiere
anschließend !

3.2.3. Logistisches Wachstum

Die Gleichung (103) enthält den Zeitverlauf der sogenannten
"logistischen" Kurve, die sich als Lösung der Differentialgleichung (104), nämlich $\dot{y} = y(c-y)$, ergab. Als allgemeine
Lösung erhält man zunächst :

$$(124) \qquad\qquad y_t = a(1+be^{-ct})^{-1}$$

Differenzieren nach t ergibt :

$$(125) \qquad\qquad \dot{y}_t = abc \cdot e^{-ct}(1+b \cdot e^{-ct})^{-2}$$

Solange t positiv bleibt, wird $\dot{y}$ nur 0 , wenn t im Positiven
über alle Grenzen wächst. Dies ist aber nach (104) genau
dann der Fall, wenn $y=c$ wird. Dann wird nach (124) $y = a$
und daraus folgt : $a=c$, wie in (103) behauptet. Damit re-
duziert sich die Zahl der zu schätzenden Parameter auf zwei,
nämlich b und c . Die absolute Wachstumsgrenze c ist nun
allerdings nicht direkt zu schätzen, da c nicht zu isolieren
ist. Hat man es aber einmal (etwa durch trial und error oder
durch graphisch-intuitive Verfahren mit jeweil anschließen-
der Fehlerberechnung), so kann man b nach der Kleinst-Qua-
drate-Methode schätzen.

Der charakteristische Verlauf der logistischen Kurve in
Form eines liegenden S spiegelt tatsächlich den Gang von
vielen Wachstumsprozessen wieder. Es wäre interessant, eine
Form von Differenzengleichungen zu finden, aus denen ein
solcher Prozess hervorgeht. Man betrachte etwa folgende
nicht-lineare Form :

$$(126) \qquad\qquad y_t = a - \frac{b}{y_{t-1}}$$

Läßt man t immer negativer werden , so nähert sich y_t asym-
ptotisch +1 an, geht man umgekehrt mit t gegen unendlich,
so nähert sich y_t monoton von unten +9 , und zwar, wenn man
a=10 und b=9 setzt. 1 und 9 sind auch die beiden Wurzeln
der quadratischen Gleichung, die entsteht, wenn man in (126)
$y_t = y_{t-1} = y$ setzt. Die beiden Grenzwerte sind wie bei
den betrachteten Markoff-Ketten unabhängig von y_o. Der Leser

wähle ein y_o zwischen +1 und +9 und berechne mittels (126)
die 20 Nachbarwerte um y_o . Was für eine Kurvenform ergibt
sich ? Was geschieht, wenn er ein y_o außerhalb dieses Inter-
valls wählt ? Diese Rechnungen sind stets mit den Werten
a=10 und b=9 durchzuführen. Wendet man (126) iterativ an,
so entsteht ein unendlicher Kettenbruch. Man formuliere
(126) stochstisch und gebe die Schätzformeln für a und b
an ! Falls (126) und (124) nicht miteinander verträglich
sind, versuche man , (124) in(127) einzusetzen :

$$(127) \qquad y_t = e^c \left(\frac{e^c - 1}{a} - \frac{1}{y_{t-1}} \right)^{-1}$$

Was stellt man fest ? Kann man a und c aus einer stochastischen Version von (127) schätzen ? Wo bleibt b ?

Man zeige, daß (126) Schwingungen generiert, wenn man a=4
und b=5 nimmt und y_o = 1 setzt ! Womit hängt das zusammen ?

Durch diese Experimente kann sich der Leser selbst ein Bild
von einfachsten wachstumsgenerierenden Prozessen machen .
Dieses "Formelspiel" ist sinnvoller ,als es angesichts der
großen Mengen an Kreativität, die in der Soziologie auf die
Hervorbringung von Begriffspoesie verwandt wird, erscheint.

3.3.   Chronologische und soziale Zeit

Es kann sein, daß die bisher hier verwandte Formelsprache,
sei es wegen sei es trotz ihrer mathematischen Unbedærft-
heit,an den Intentionen der theoretischen Sozidogie sowohl
wie an ihrem Gegenstand vorbeigeht. Schon Keynes hatte 1939
die Tinbergen'schen Differenzengleichungen einer groben
Kritik unterworfen, weil mit solchen starren Mitteln die
wahre Dynamik des Wirtschaftslebens, insbesondere die Er-
wartungen von Veränderungen nie und nimmer abgebildet
werden könnten. Northrop 1941 erklärt in einem Artikel
"the impossibility of a theoretical science of economic
dynamics". Wenn diese Zweifel sich schon gegen die Ökono-

mie und die Anfänge der Ökonometrie richteten, so muß man
bei der entsprechenden Diskussion in den Sozialwissenschaften mit viel größeren Bedenken rechnen. Die berührten mathematischen Hilfsmittel entstammen der Physik und den Ingeni-
eurswissenschaften und treffen auf eine Phase der Soziologie,
die fast hilflos vor den Zeiterscheinungen steht und die
Sprache der Politiker, der sterbenden Kirchen, der Theater-
wissenschaftler und von Verwaltungspraktikern nachzumachen
versucht. Einer der zentralen Begriffe der systemtheoretisch
orientierten Soziologie ist der der Entwicklung, ob er sich
als Emanzipation oder als Wachstum manifestiert, das durch
sozialen Wandel realisiert wird. Wenn man schon bei diesen
biologischen Metaphern bleibt, muß man zunächst nach der
zeitlichen Struktur solcher sozialen Prozesse fragen. Von
hier aus kann man auch gegen die Modellierung solcher Prozesse nach dem Schema von Differenzengleichungen einwenden,
sie seien zu starr, berücksichtigten nicht die soziale Zeit,
gingen von mittelfristig konstanten Koeffizientenkonstella-
tionen aus und seien hinsichtlich der Bewußtseinspro-
zesse blind und auch inhaltlich nicht füllbar.
Wie wir im nächsten Kapitel sehen werden, wird aber der
bisher dargestellte formale Apparat in der empirischen
Sozialforschung tatsächlich punktuell angewandt, und wir
müssen daher Kriterien entwickeln, um diese Anwendungen
zu bewerten und weizerentwickeln zu können.
Die entscheidende methodologische Vorfrage scheint dabei
die nach der theoretischen Fassung der zeitlichen Entfalt-
ung von sozialen Einheiten und ihrer Beziehungen zueinander
zusein. Dies zeigt sich zum Beispiel beim internationalen
Vergleich. Vergleichbar sind etwa Ökonomien nur, wenn sie
gleichphasig sind. Dies setzt aber ein für alle zu verglei-
chenden Länder gleichartiges Entwicklungsschema voraus.Be-
trachtet man die Geschichte eines Landes jeweils auch als
theoretisch einzigartig, so kann man nichts vergleichen.
Ebenfalls vergleicht man Intelligenzleistungen nur bei
Gleichaltrigen, in der Meinung, das Alter sei Ausdruck

einer Entwicklungsphase, die alle physiologisch und sozial
relevanten Einflußgrößen einigermaßen befriedigend bündelt.
Nun könnten aber nicht nur Gattungen, sondern auch individuelle Gebilde jeweils ihre "eigene" Zeit haben. Dies würde
aber zu sozialorganisatorischen Schwierigkeiten führen, wenn
man damit ernst machte. Der Zwangscharakter der Sozialisation liegt zum guten Teil in der gewaltsamen Synchronisation
der anarchisch gemeinten Eigenzeiten. Wieweit soziale
Systeme dabei auf chronologische und damit astronomische
Zeitzyklen zurückgreifen, bleibe zunächst offen.

3.3.1. <u>Wachstum und Systemgrenzen</u>

Wie schnell und in welchen Rhythmen ein System sich entfal-
tet, hängt außer von seiner inneren Struktur - etwa der
genetischen Ausstattung - von dem äußeren input und dessen
zeitlicher Verteilung während seiner Dauer ab. Da Menschen
schon nach der Anatomie des Gehirns zur Vorausplanung und
Vorsorge prädisponiert sind, wird eine konsequente lebens-
strategische Reflektion wiederholt auf die zeitliche Be-
grenztheit des eigenen Lebens stoßen. Der Tod wirft in
zahlreichen Erlebnissen der eigenen Endlichkeit seine
Schatten voraus, vor allem, wenn Anstrengungen scheitern
und Lebenserfolge anderer wahrgenommen werden. Über die Perzeption von Grenzsituationen kann der Einzelne das Ende
seines Wachstums schon vorwegnehmen, wenn es von der kon-
kreten Daseinsbelastung her noch gar nicht aktuell ist.
Insofern ist seine Weitsichtigkeit dysfunktional. Die sozialen Gebilde, denen er angehört, helfen ihm aber, mit diesem
Defekt durch Umdeutungen und auch handfeste gesellige Ab -
lenkungen jeweils kurzfristig fertig zu werden, etwa, indem
sie die berühmte "Unsterblichkeit der Gruppe" suggerieren.
Deren Ende mag zwar unabsehbar sein, aber ihr Umfang kann
an eine Grenze stoßen, sodaß der "numerus clausus" zwar
die Inneren schützt, die draußen vor der Tür aber umso mehr
auf ihre Endlichkeit verweist.
Dieser individualistische Ansatz betont zunächst den Versuch

des Einzelnen, mit seiner "Ausstattung" fertig zu werden.
Sein Drang zur Überzeitlichkeit wird dann aber in seinem
mobilen Verhalten sichtbar. Seine Karriere-Entwicklung vollzieht sich in den Bahnen einer hochgradig organisierten Gesellschaft, deren Subsysteme an Grenzen stoßen, die viel
mit strategischen Überlegungen Einzelner zu tun haben. Wie
groß Städte oder Vereine werden können, ist nicht ahistorisch
von Urzeiten an bestimmt, sondern unterliegt selbst Veränderungen auch im Sozialen, in dem,was die jeweilige "Zeit"
für durchführbar oder rentabel hält. Diese Vorstellungen
müssen in einer mikro- sowie in einer makrochronischen
Theorie mit enthalten sein. Nur so kann die Mobilitätstheo-
rie zur makrosoziologischen Theorie durchstoßen und sozialen
Wandel erklären und vorausdenken helfen. Wir kommen darauf
im 4. Kapitel zurück.

3.3.2. Mikrochronische Orientierung

Das zeitliche Tagesraster im industrialisierten Weltteil
wird durch Mahl-,Arbeits- und Fahrzeiten bestimmt. Dazu
kommen seit wenigen Jahren die Programmzeiten des Fernsehens.
Innerhalb der starren Mikrochronik eines Tages gibt es in
jeder Rubrik noch alternative Wahlmöglichkeiten. Dies gilt
aber nur von "mal zu mal", da die Grundwahrscheinlichkeiten
für einzelne Handlungstypen auch sozial vorgegeben und kaum
veränderbar sind. Für empirische Zwecke könnte man den
sozialen Wandel als Änderung der Übergangswahrscheinlichkeiten zwischen Handlungstypen mit Änderung der Grundwahrscheinlichkeiten als Ergebnis definieren. Schließt man deren per-
manente Veränderlichkeit mit in die Definition ein, so kann
man mit stationären Markoff-Ketten empirisch dieser Vorstellung nicht genügen. Man müßte die dynamischen Modelle
des 2. Kapitels weiter dynamisieren.
Die Tätigkeiten jedes Tages werden durch das Bewußtsein
seiner Stellung im Wochenzyklus mitbestimmt. Die spezielle
stimmungsmäßige "Färbung" jedes Wochentages wird dadurch

bewirkt. Die soziale Verstärkung der "Freitagsfreude" am
Arbeitsplatz wirft ebenfalls ihre Schatten auf die Vortage
voraus und macht das individuelle Bewußtsein des jeweiligen
Wochentages zu einer sozialen Angelegenheit. Wenn bestimm-
tenWochentagen noch ganz bestimmte Handlungstypen zugeord-
net sind, ist die Bewußtheit noch größer.
Tages- und Wochenrhythmus greifen so ineinander und stützen
die mikrochronische Orientierung von Einzelnen und Gruppen.
Ein ähnlicher Zusammenhang kürzer- und längerfristiger
zeitlicher Orientierung ließe sich auch für Monate und
Jahreszeiten aufzeigen. Je länger die betrachtete astronomische oder chronologische Zeiteinheit, desto weniger hat
sie für den Einzelnen vom Zyklus an sich, weil sich einfach
große Zeiteinheiten oder Episoden (siehe 4.2.2.) seltener
wiederholen als kleinere. Die folgerichtige Extrapolation
der kleineren Zyklen auf die immer wiederkehrenden Leben
im Buddhismus wird als Kompensation für die sich aus dem
linear-eschatologischen Zeitverständnis der Okzidentalen
ergebende Auffassung der Endlichkeit verständlich sein.
Um sein Leben - das unwiederholbare - so vergleichend bewerten zu können wie er gute und schlechte Jahre, Wochen
und Tage unterscheidet, muß der Einzelne sein Leben mit
dem der andern vergleichen, also vom intertemporalen in
den interindividuellen Vergleich ausweichen. Dies geschieht
symbolisch und effizienter durch Biographie- und Romanlek-
türe. Dieser Weg ist aber auch individualisierter und für
den äußeren Aufstieg nicht unbedingt förderlich, weil die
Verankerung im gegenwärtigen Wertsystem Schaden nehmen kann.

3.3.3. <u>Soziale Synchronisation</u>

Der Terminkalender ist keineswegs nur ein Symbol, sondern
ein faktisches soziales Synchronisationsgerät. Das Zusammen-
treffen verschiedener Personen kann immer nur gleichzeitig
und zwar in der chronologischen Zeit stattfinden. Die Zeit
zwischen zwei Treffen eines identisch bleibenden Gremiums

mag zwar als "soziale Zeit" begriffen werden, aber ihre
Terminierung ist schlicht kalendarisch. Die Strukturierung
eines Jahres durch Feste, eines Lebens durch Geburtstage
und Jubiläen funktioniert für den Einzelnen umso besser,
je mehr sein Zeitgedächtnis dadurch unterstützt wird. Das
soziale Gedächtnis (Halbwachs) äußert sich in den periodisch
wiederkehrenden, oft noch mit der Geschichte verbundenen
Zusammenkünften, die gleichzeitig Kontraste zum normalen
Wochen- und Jahresablauf setzen. Die dadurch hervorgerufe-
nen Störungen beim ökonomischen Periodenvergleich in der
Streik-, Lohn- und Ausgabenstatistik sind ein negativer
Zeuge dafür.
Der vertikale Aufstieg und damit die individuelle Lebensver-
wirklichung beginnt mit den sozial synchronisierten (mindestens in der BRD innerhalb eines Bundeslandes) Eintritten
in Kindergarten und Schule. Der Rhythmus ihrer Frequentierung
folgt der kosmisch-chronologischen Zeiteinteilung. Auf die
Idee, daß das "Steigen" von Klasse zu Klasse ein individueller Abstieg sein könnte, der wie eine Absterbeordnung in
zeitlich gleichen Intervallen den eigenen Tod realisiert,
kommen die Mobilitätstheoretiker erst gar nicht. Erst der
Bruch der Studentenbewegung, der den Übergang von der Hoch-
schule ins Leben als sozialen Abstieg denkbar werden ließ,
könnte die Mobilitätsforschung aus der normativen Fixierung
befreien. Die Gelegenheit, die unsere Kultur uns mit Jahr
für Jahr versetzt werdenden identischen Schulklassen für
eine mesochronisch-dynamische Kohortenanalyse von Soziali-
sationsprozessen gibt, wird durch die Forschungspraxis
kaum wahrgenommen. Stattdessen redet man sich ein, ausge-
rechnet durch Intensivierung von Gruppenprozessen "gegen-
sozialisierend" und "kompensatorisch" zu wirken. Was durch
Bildungsreform überhaupt an sozialem und politischem Wandel
erreichbar ist, hängt zutiefst von den Totzeiten (lags) des
input-output-Verkehrs zwischen den Institutionen ab (siehe
Modell 3.3.5), wahrscheinlich sehr viel weniger von den
Inhalten der Intentionen der Reformer und Lehrer.

3.3.4. <u>Statistische Zeitreihen und historische Diskontinuität</u>

Wenn eine dynamische Sozialwissenschaft mehr leisten soll
als ein chronologisches Nacherzählen von Geschichten, die
als Illustrationen zu einigen Abstrktionen aus statischen
Theorieansätzen fungieren, so müssen historische Langzeitreihen in sie Eingang finden. Die Kurzzeitreihen der Daten,
die dem skizzierten Räderwerk mikrochronischer sozialer Prozesse entstammen - wie etwa die Tagebuch-Daten in 4.2. -,
sind entweder für eine makrochronische Analyse irrelevant,
oder sie müssen in irgend einer Weise zeitlich aggregiert
werden. Je größer allerdings eine Zeiteinheit gewählt wird,
desto verborgener wird die als kontinuierlich gedachte
Wirksamkeit der in ihr gemessenen"Ursache" sein. Denkt man
dagegen etwa an Tage als Zeiteinheiten, so muß man entweder
die großen, Jahrhunderte bestimmenden Langzeitwirkungen in
der Geschichte von Tag zu Tag verfolgen, messen und nachweisen oder aber eine sehr lange Wirkunkszeit von einem
Tag auf einen anderen im übernächsten Jahrhundert etwa annehmen. Daß die "Wirkung" eines Ereignisses sozusagen ein
oder zwei Jahrhunderte warten muß, bis die Geschichte sie
wieder einspannt, widerspricht allerdings der bei Historikern wie Infinitesimalrechnern oft vorherrschenden Ansicht
von Stetigkeit oder Kontinuität, die - bei Historikern -
offen oder versteckt hinter den Erscheinungen besteht, was
aber nicht ohne Kritik geblieben ist (Radkau und Radkau
1972,S.61-66). Umnicht im Strom der Zusammenhänge zu ertrin-
ken, braucht der Historiker dann wieder Brücken der Periodi-
sierung und epochale Einschnitte, Zeitenwenden und Umbruch-
phasen, bei denen er oft lieber verweilt(op.cit.S.163) als
bei den Zeitaltern selber.
Mag der Szenenwechsel der Epochen für den Historiker nur
ein klassifikatorisches Mittel zugunsten übersichtlicher
Darstellbarkeit sein, so muß der Sozialforscher bei der
Zusammenfassung von Zeiteinheiten schließlich und endlich
an dynamische Modellierbarkeit von vorgestellten Kausal-

zusammenhängen mit der Absicht mittelfristiger Prognosen
denken. Zum Beispiel war an der NPD Ende der sechziger Jahre
zwar ihr relativer Wahlerfolg an sich interessant, aber
viel interessanter war die Frage, warum dieser Erfolg sich
gerade in diesen Jahren ereignete. Einsolcher dynamischer,
theoretisch und datenanalytisch prognosefähiger Ansatz
fehlte auch dann noch, als das Phänomen schon sichtbar ge-
worden bzw. eingetreten war (Klingemann und Pappi 1972 ,
S.108-116).Die Autoren zitieren drei Zeitreihenanalysen
(S.112), die für die USA und England (radikales) Wahlverhalten auf Verschlechterung der ökonomischen Lage - in
einer der drei Studien etwa 6 Monate vor den Wahlen -
zurückführen konnten und entwerfen dann einen eigenen dynamischen Modellansatz, der mittels panel-Daten prinzipiell
realisierbar ist.
Bei sozialen Umschwüngen oder Neuentwicklungen des zitier-
ten Typs kann man nicht unbedingt von einer stetigen modell-
immanenten Entwicklung bis zu einem kritischen Punkt ausgehen, sondern muß externe Störgrößen als Auslöser zulassen.
Dies sind in der Politologie die zunächst theoretisch nicht
ableitbaren oder voraussagbaren Ereignisse besonderer Art.
Solche Ereignisse können punktuell (Attentate), wiederholt
punktuell (Terrorakte) oder zeitlich ausgedehnt (Verschlechterung der Arbeitsmarktlage) sein. Entscheidend ist aber,
daß sie von den Wählern als relevant für ihr Wahlverhalten
erlebt werden . Ihre historische Plötzlichkeit und diskon-
tinuierliche Eigenart ist gerade Bedingung dafür, daß sie
auffallen und handlungsbestimmend werden können. Auch eine
makrochronisch gesehen allmähliche Verschlechterung der
Lebenslage ist bemerkbar nur dann, wenn kleine, persönliche
und kurzfristige Ereignisse und Erfahrungen (beim Einkaufen,
bei Gesprächen über Kaufkraft etwa) wiederholt eintreten
und dann jeweils auf dasselbe längerfristige Konzept einer
trendartigen Veränderung bezogen werden. Es liegt dann
eventuell ein Lernprozeß vor, der als mikrochronischer

Markoff-Prozeß darstellbar ist.(Näheres bei Luce,Bush und
Galanter im Handbook of Mathematical Psychology 1963,Kap.9).
Es sind allerdings hier modifizierte Modelle für den Fall
immer neuer Impulse auf das sich erst allmählich herausbild-
ende Reaktionssystem in Betracht zu ziehen (Zu klassischen
und neueren Lerntheorien siehe Skowronek 1970, Kap.2,5,6,7).
Welche Daten als störender input und welche als normale
Realisationen der Variablen und damit zu ihrem Verteilungs-
typ gehörig anzusehen sind, ist eine Frage der Grenzen des
Modells. Ökonomische Krisen sind Gegenstand ökonomischer
Prognosen, können aber besser vorausgesagt werden, wenn man
sie mit sozialwissenschaftlichen Teilprognosen verbindet -
und umgekehrt. Inflation kann als Realität und als Wahlslo-
gan verschieden oder ähnlich wirken, jedenfalls ist weder
sie noch ihre Perzeption noch das Wahlverhalten jeweils
etwas Isoliertes, sondern alle drei sind interdependent
und sollten in einem einzigen dynamischen Modell integriert
erfaßt werden. Kann man das aus analysetechnischen oder
durch die Datenlage bedingten Gründen nicht, so sollte dies
Konsequenzen bei der Einschätzung und Deutung der Rechen-
ergebnisse haben. Die künstliche Schließung eines Modells
ist rechentechnisch stets erforderlich, aber man sollte
sich bemühen, die Folgen dieser Notwendigkeit zu klären
(Harder 1959,S.105-116).
Die Mischung von lags , Verzögerungs- oder Totzeiten ganz
verschiedener Fristigkeit in ein und demselben Erklärungs-
zusammenhang , also eine Art "Mehrzeitigkeits-" oder "mikro-
makro-chronischer Analyse" als dynamischer Entsprechung zur
Mehrebenen-Analyse(Hummell 1972) wird in naher Zukunft für
die Sozialforschung zum praktischen Problem. Die Fern- oder
Spätwirkungen früherer Epochen auf gegenwärtige und zu-
kunftige werden mit dem verallgemeinerten Begriff der Re-
naissance erkannt und angesprochen. Ein besonderer Fall ist
die Anknüpfung sozialer Bewegungen an Vorläufer und insbesondere an ihre literarischen Manifestationen in früheren
Jahrzehnten oder Jahrhunderten. Erwähnt seien die "new

alchemists" in den USA oder das Aufleben der Rezeption von
Henry David Thoreau zunächst bei Ghandi (die zur non-violence
Technik bei der Erringung der Selbständigkeit Indiens führte) und in den fünfziger Jahren in amerikanischen Studenten-
kreisen, was eine innere Vorbereitung der Hippie-Phase der
antitechnologischen Bewegung darstellte. Natürlich ist es
eine empirische Frage, ob es solche literarisch inspirier-
ten Fernwirkungen gibt. Der Rückgriff auf historisch bekannte oder auch neue Modelle des "einfachen Lebens" wird
für das bevorstehende "Zeitalter" ökologischer Krisen vermutlich sehr kennzeichnend sein. Kollektive Regressionen
auf frühere Anpassungsstufen sind selbst historisch nicht
unbekannt.
Was dagegen den diffusen Begriff des Traditionalismus und
seiner politischen Spielarten angeht, so kann er für die
Forschungspraxis nur Bedeutung gewinnen, wenn man ihn nicht
nur als Persönlichkeitsvariable einbezieht, sondern ihn
als sozialen Prozeß des rekurrenten Anschlusses an den
jeweiligen status quo begreift. Bertrand Russells chinesi-
scher Koch kommentierte die Schlagzeilenfrage :"What is
the cause of the present chaos?" mit der Antwort :"I sup-
pose the previous chaos!" Hiermit ist das Prinzip des rekurrenten Anschlusses bündig formuliert, das in stochastischen diskreten Modellen und ihren Differenzengleichungen
sehr einfach formalisiert ist. Anstatt die Variable "Traditionalismus" durch eine Likert-Skala zu operationalisie-
ren und in eine statische Pfadanalyse einzugeben, die ein
spezielles soziales Handeln erklären soll, könnte man den
Grad an Traditionalismus durch die Wahrscheinlichkeit
fassen, mit der zwischen zwei Zeitpunkten Handlungsweisen,
Attitüden oder Orientierungen die gleichen bleiben.
Mit dem Interview ist man auf höchstens mittelfristige
Datenerhebungen beschränkt. Historische Langzeitreihen
sind eine ganz andere Gruppe von Datentypen, die mit dem
"Werkzeug des Historikers"(A.v.Brandt 1959 und 1969) zu

behandeln und zu kritisieren sind. Ob sie sich einer nume-
risch-dynamischen Modellanalyse fügen und dabei gar noch
mit sozialwissenschaftlichen Daten kommensurabilisieren
lassen, ist eine ganz andere Frage.Beiträge zu einer Antwort in praktischer Form liegen seitens der Historiker
vor (Robert P.Swierenga(Hrsg.) 1970 :Quantification in
American History: Theory and Research; sowie Lawrence
Stone 1965 : The Crisis of the Aristocracy 1558-1641).
Wir werden uns im folgenden Kapitel jedenfalls mit einfachen
sozialwissenschaftlichen und mikrochronischen empirischen
Beispielen begnügen.
(3.3.5. Modell der Bildungsreform und Lehrberufe siehe S.108).

4.   Stochastische Prozeß-Modelle

Stochastische Prozesse sind zufallsgesteuerte zeitliche
Abläufe. Man kann ihr Verhalten für einen bestimmten zukünftigen Zeitpunkt oder Zeitraum nicht exakt, sondern nur
mit einer bestimmten Wahrscheinlichkeit voraussagen.
Markoff-Ketten sind stochastische Folgen von Zuständen
eines Systems, deren Eintretenswahrscheinlichkeit nur von
dem Zustand abhängt, der jeweils eine Zeitperiode früher
tatsächlich realisiert war. Wir haben die rechnerische Behandlung solcher Folgen bereits kennen gelernt (siehe 2.2.).
In diesem Kapitel werden wir von einfachen Beispielen aus
verschiedenen Forschungsgebieten ausgehen, uns zunächst
mit Markoff-Modellen beschäftigen, dann zu allgemeineren
Modellen übergehen und die Probleme der praktischen Arbeit
mit ihnen erörtern.

4.1.   Markoff-Ketten-Analyse des Wechselverhaltens

Das Wechseln zwischen verschiedenen Aktionsarten im Laufe
eines Tages ist charakteristisch für alle beweglichen Lebe-
wesen. Bei vielen Vogelarten steuert ein Instinktmechanis-

mus die Wahrscheinlichkeit, daß nach einer gewissen Zeit
Nestbauaktivitäten nachgegangen wird. Der Wechsel zwischen
Nestbau, Nahrungssuche, Füttern usw. vollzieht sich scheinbar ganz zufällig oder doch nur durch zufälliges Auftreten
von Gelegenheiten (Darbietung von Schlüsselreizen) bestimmt,
aber die Übergänge von der einen zur anderen Tätigkeit sind
annähernd an konstante Wahrscheinlichkeiten (also : im
Durchschnitt und im allgemeinen) gebunden.
Oder wir beachten Kinder auf einem Spielplatz, auf dem sich
eine Wippe, eine Schaukel und ein Sandkasten befindet.Ein
Kind kann sich in jedem Moment nur in einem von vier Zuständen befinden : wippen, schaukeln, im Sandkasten spielen
oder nichts davon.Die Wahrscheinlichkeiten, zu einem zufällig
herausgegriffenen Zeitpunkt (oder Zeitintervall) in den Zuständen zu sein, seien p_1 , p_2 , p_3 und p_4 , ihre Summe ist
– bei geschlossenem Spielplatz, also fester Menge von Kindern – natürlich +1. Diese p_i drücken etwa die Beliebtheit
der vier Tätigkeiten aus, und zwar zu Anfang, bei Öffnung
des Platzes. Für unsere nicht-teilnehmende Beobachtung fer-
tigen wir ein Zeitraster an : für jedes Kind und jede Minute
ein Rechenkästchen, in das wir eine der Zahlen 1 bis 4 je
danach, wann welches Kind gerade was tut, eintragen. Nach
einer Stunde haben wir pro Kind 60 Eintragungen, für das
erste etwa : 15 mal 1, 15 mal 2, 15 mal 3 und 15 mal 4, für
das zweite sei der Vektor der Häufigkeiten (20,25,10,5) usw.
(Um Mehrfachtätigkeiten in einer Minute zuvermeiden , kann
man etwa das Wechseln durch eine Klingel steuern oder man
registriert nur, was jeweils zu Beginn einer Minute der
Fall ist). Kann man sagen, daß für das erste Kind gilt :
$p_1=p_2=p_3=p_4= 0,25$? Nur dann, wenn sich die p_i während
der Stunde nicht geändert haben ! Aber wie kann man das
feststellen ? Indem man die Auszählung abschnittsweise
für die ersten, zweiten usw. zehn Minuten durchführt. Zeigt
sich dabei, daß die Wippe zuerst garnicht, am Schluß aber
jede zweite Minute vom ersten Kind benutzt wird, so hat
p_1 = 0,25 nicht die Bedeutung einer Anfangswahrscheinlich-

keit, sondern eines Durchschnitts von Zustandswahrscheinlichkeiten während aller 60 Minuten. Zeigt sich dagegen keinerlei "Trend", sondern nur ein ungeordneter Wechsel zwischen
allen vier Zuständen, so kann sich dahinter doch eine Gesetzmäßigkeit verbergen, nämlich der Gleichgewichtszustand
eines Markoff-Prozesses mit festen Übergangswahrscheinlichkeiten a_{ij} von j in Minute t-1 zu i in Minute t (i,j=1,2,
3,4; t=1,2,3,...60). Dieser Fall ist mit folgender Zufalls-
folge realisiert :

$\quad$ F = 444411124422211333341114443331122223311322233334422
$\qquad$ 11114333222444(4)

Jeder Zustand kommt genau 16 mal vor. Die Folge hat 64
Glieder, also ist jeder Zustand gleich wahrscheinlich, nämlich 1/4 . Jeder Zustand folgt genau 10 mal auf sich selber,
was einer Übergangswahrscheinlichkeit von 10:16=5/8 entspricht, das heißt , jedes Kind bleibt mit einer W. von 5/8
bei seiner augenblicklichen Beschäftigung. Auf jeden Zustand
folgt jeder der drei anderen je zweimal, also mit einer
W. von 2/16=1/8, also insgesamt 3(1/8) = 3/8, was die Er-
gänzung zu 5/8 ist. Selbst, wenn die Gleichverteilung von
$p_1=p_2=p_3=p_4=1/4$ während dieser 64 Minuten nicht gegeben
wäre, so würde die strikte Einhaltung der Übergangswahrscheinlichkeiten

$$a_{ii} = 5/8 \qquad (i=1,2,3,4)$$

alle
anderen $\quad a_{ij} = 1/8 \qquad (i \neq j)$

doch auf die Dauer zu den gleichen p_i führen, wenn der Prozeß nur lange genug ungestört verläuft. F ist offenbar ungestört, jedenfalls ist der Prozeß in diesen 64 Minuten im
Gleichgewicht, da die a_{ij} zu Grenzwerten führen, die mit
den jetzt herrschenden p_i übereinstimmen.
Statt eines allgemeinen Beweises gehe der Leser von einer
Stör- oder Anfangsverteilung $p_1 = 1$ und $p_2=p_3=p_4=0$ aus und
berechne die Folgezustände durch Linksmultiplikation des
Vektors p mit A = (a_{ij}) wie oben angegeben.

4.1.1. <u>Wählerwechselverhalten</u>

Die Folge F des vorigen Beispiels gibt nur das Wechselverhalten eines einzigen Kindes wieder. Die 64 Glieder dieser
Markoff-Kette folgen zwar global den angegebenen a_{ij} , aber
schon die ersten 32 Glieder weisen andere Werte auf, z.B.
a_{22} = 0,5 und a_{33}= 0,71 , wie man abzählen kann. Die a_{ij}
sind also zeitlich nicht völlig konstant, was bei weiterer
Verkürzung der Kette schon logisch nicht möglich ist.
Wenn man jetzt mehrere Kinder analysiert, stellt sich eine
zweite Quelle von Unregelmäßigkeiten ein, nämlich die interindividuellen Unterschiede in den a_{ij} . Die Individuellen
Ketten F_k (k=1,2,...K) der insgesamt K Kinder sind sozusagen Geschichten, die erzählen :"dann habe ich 4 gemacht,
dann habe ich 2 gemacht ,....". Was völlig fehlt, ist eine
Analyse der Beziehungen zwischen den Kindern. Es könnte
substantiell interessant sein, ob es Paare gibt, die stets
zusammen spielen, ob Meinungsführer auftreten usw. In
solchen Fällen wären die Ketten weder in sich zufällig noch
voneinander unabhängig. Dies dürfte der Realität entsprechen,
wiederspricht aber den Voraussetzungen des Markoff-Prozesses.
  Bei der Analyse des Wählerverhaltens hat man es nicht
mit langen , sondern nur extrem kurzen Ketten zu tun, die
oft nur zwei Glieder haben. Man fragt eine Stichprobe von
Wahlberechtigten im August und wieder einen Monat später,
was sie jeweils wählen würden, wenn "jetzt" etwa Bundestagswahl wäre. Ein einzelner Befragter sagt im August SPD und
im September CDU . Das sind die ganzen Daten für ihn. Daraus
lassen sich in keiner Weise Übergangswahrscheinlichkeiten
a_{ij} schätzen. Würde man ihn 240 Monate hintereinander be-
fragen, käme man vielleicht zu einer allgemeinen Aussage
über ihn allein. Abergerade die Länge der Zeit macht es
wieder sehr unwahrscheinlich, daß sein Wechselverhalten
sich nicht ändert.
Der Wahlforscher hilft sich hier, indem er einfach die
Dimension oder den Realisationstyp "Zeit" mit dem der

Person vertauscht oder auch verwechselt. Ernimmt also an, daß, wenn von 200 SPD-Wählern im August 40 im September CDU wählen würden, "also" die Übergangswahrscheinlichkeit für "einen" SPD-Wähler zur CDU 20% betrage. Der mögliche Fehlschluß ist leicht auf das Beispiel mit dem Kinderspiel- platz zurückzuübertragen.

Die erwähnte Unterstellung betrifft die Homogenität der Stichprobe oder der Gruppe. Wir zitieren ein klassisches Beispiel von Lazarsfeld 1954 (S.51-53). Es seien M und N je eine 3x3-Matrix mit den Elementen m_{ij} und n_{ij} . m_{ij} sei die absolute Anzahl von Personen einer Stichprobe im August 1940, die im August in Zustand i waren und imSeptember im Zustand j . n_{ij} bedeutet dasselbe um einen Monat in die Zukunft verschoben. Man könnte daher schreiben :

(128)
$$n_{ijt} = m_{ijt+1}$$

Beide absoluten Zahlen sind zeitlich konstant - weil einma- lige Meßergebnisse - und t bzw. t+1 sind nur unterscheidende Indices. Die Zustände i oder j sind wie folgt definiert :

$i,j = 1$: Bevorzugung der Republican party
$i,j = 2$: Bevorzugung der Democratic party
$i,j = 3$: Keine der Beiden bevorzugt

Die Daten sind :

$$
M = \begin{array}{cccc}
184 & 1 & 7 & (192) \\
4 & 140 & 5 & (149) \\
10 & 12 & 82 & (104) \\
(198)(153)(94)(445)
\end{array}
\qquad
N = \begin{array}{cccc}
192 & 1 & 5 & (198) \\
2 & 146 & 5 & (153) \\
11 & 12 & 71 & (94) \\
(205)(159) & (81) & (445)
\end{array}
$$

(In Klammern stehen die Summen). Die horizontalen Summen seien n_i bzw. m_i genannt. Aus N liest man z.B. ab : von den 94, die im September unentschieden waren, bevorzugten im Oktober 12 die Democratic party oder (ohne Worte) : $n_3 = 94$, $n_{32} = 12$. Die Schätzung der Übergangswahrscheinlichkeiten b'_{ij} und c'_{ij} erfolgt durch Division :

(129)
$$b'_{ij} = m_{ij}/m_i \qquad c'_{ij} = n_{ij}/n_i$$

Die entsprechenden Matrizen B' und C' werden noch gespie-

gelt, um die Schreibweise von (54) beibehalten zu können.
Es ist dann :

$$(130) \qquad B = \begin{pmatrix} 0,958 & 0,027 & 0,096 \\ 0,005 & 0,940 & 0,115 \\ 0,037 & 0,033 & 0,789 \end{pmatrix} \quad C = \begin{pmatrix} 0,970 & 0,013 & 0,117 \\ 0,005 & 0,954 & 0,128 \\ 0,025 & 0,033 & 0,755 \end{pmatrix}$$

Wir versuchen jetzt - abweichend von Lazarsfeld und Anderson - das Oktober-Befragungs-Ergebnis , nämlich die vertikalen Summen unter den Spalten von N : 205 , 159 und 81 durch Anwendung von B auf die September-Verteilung z_{t-1} mit den Werten 198, 153 und 94 gemäß (54) vorauszusagen :

$$(131) \qquad \bar{z}_t = B \cdot z_{t-1}$$

$\bar{z}_t$ ist die Schätzung oder Voraussage von z_t, der Oktoberverteilung der 445 Befragten auf die drei Zustände. Für die erste Zeile der Gleichung (131) erhalten wir

$0,958 \cdot 198 + 0,027 \cdot 153 + 0,096 \cdot 94 = 190 + 4 + 9 = 203,$
für die zweite:
$0,005 \cdot 198 + 0,940 \cdot 153 + 0,115 \cdot 94 = 1 + 144 + 11 = 156,$
und für die dritte :
$0,037 \cdot 198 + 0,033 \cdot 153 + 0,789 \cdot 94 = 7 + 5 + 74 = 86$.

Die Abweichung dieser Prognose für Oktober 1940 von den wahren Werten z_t ist also sehr klein. Es werden sogar fast genau die inneren Werte der Matrix N rekonstruiert, wie die Zwischenergebnisse zeigen. (Der Leser versuche, die Beziehung (54) rückwärts anzuwenden und die August-Verteilung z_{t-2} = (192 149 104)' - z_{t-2} ist ebenfalls ein Spaltenvektor! - mittels C aus der Septemberverteilung z_{t-1} "voraus"-zusagen !)

Da nach unserem geglückten Voraussageexperiment die Information von N und damit von C - wegen (129) - fast schon vollständig in B enthalten ist, betrachten wir B und C als gleich gute Schätzungen der "wahren" Übergangswahrscheinlichkeiten bilden per arithmetischem Mittel eine noch bessere Schätzung A = 1/2 (B+C) :

$$(132) \qquad A = \begin{pmatrix} 0,964 & 0,020 & 0,106 \\ 0,005 & 0,947 & 0,121 \\ 0,031 & 0,033 & 0,773 \end{pmatrix}$$

Man kommt in diesem Falle zu demselben numerischen Ergebnis,
wenn man - wie T.W.Anderson 1954,S.47 - die maximum-likelihood-Schätzung durchführt :

$$(133) \qquad a_{ij} = (n'_{ij}+m'_{ij})(n'_i+m'_i)^{-1}$$

(Die ' erinnern daran, daß von (129) zu (130) eine Spiegelung
erfolgt ist , so daß statt B'+C'=A' wieder A=(A')'=A steht.)
Wir wenden jetzt (63) bis (66) auf (132) an, um die Eigengleichung von A zu erhalten :

$$(134) \qquad h^3 - 2,684 \cdot h^2 + 2,384 \cdot h - 0,700 = 0$$

Die Wurzeln oder Eigenwerte berechnen wir als

$$(134)' \qquad \begin{aligned} h_1 &= 1,0000000 \\ h_2 &= 0,9366080 \\ h_3 &= 0,7473920 \end{aligned}$$

Wir berechnen den Eigenvektor z_e gemäß (88) und erhalten
wegen $z_{3e}=1-z_{1e}-z_{2e}$ drei linear abhängige Gleichungen, von
denen wir nur zwei brauchen, etwa ($z_{1e}=x$, $z_{2e}=y$) :

$$(135) \qquad \begin{aligned} 142\,x + 86\,y &= 106 \\ 116\,x + 174\,y &= 121 \end{aligned}$$

mit den Lösungen x=0,543, y=0,334 und damit dem Gleichge-
wichtsvektor

$$(136) \qquad z_e = \begin{pmatrix} 0,543 \\ 0,334 \\ 0,123 \end{pmatrix}$$

Dies ist genau der Vektor bei Anderson 1954,S.51 bzw.S.419.
Er entspricht auf die 445 Befragten umgerechnet den Werten
242, 148 und 55, also einer erheblich günstigeren langfristigen Aussicht für die Republikaner als noch im Oktober
1940 mit nur 205 Präferenten in der Stichprobe(in Eerie
county).
Für die politische Praxis ist es nicht ganz uninterressant,
nach wie langer Zeit 54% aller Stimmen erreicht werden .
Es ist ja keineswegs sicher, daß der Wahltag bereits der
z_e-Tag ist, in dem sich das System des Wähler-Wechsel-Ver-
haltens im Gleichgewicht befindet. Es ist auch nicht zumut-

bar, daß man mit dem Wahltermin bis zum Gleichgewichtszustand wartet, sondern man möchte wissen, wann welcher Stim-
menanteil realisiert wird. Man möchte also den Zeitpfad z_t
gemäß (55) kennen, also $z_t = A^t z_o$. Dazu braucht man A^t und
diese wieder liefert die Menge der Spektralmatrizen C_i (i=
1,2,3 in unserm Falle) zusammen mit dem Spektrum (134)',wie
in (107) angegeben.

Um die C zu bestimmen, kann man den Gedankengang hinter (69)
bis (72) wieder aufnehmen. Statt (69) schreiben wir jetzt :

$$(137) \qquad z_t = ah_1^t + bh_2^t + ch_3^t$$

a, b und c sind dreielementige Spaltenvektoren, deren 9
Elemente durch die 9 Gleichungen(oder 3 Vektorengleichungen)

$$(138) \qquad \begin{aligned} z_o &= a \; + \; b \; + \; c \\ z_1 &= ah_3 + bh_2 + ch_3 \\ z_2 &= ah_1^2 + bh_2^2 + ch_3^2 \end{aligned}$$

bestimmbar sind. Wir stellen einerseits z_o, z_1 und z_2 ,
andrerseits a, b und c jeweils als Spalten einer quadratischen
Matrix zusammen und definieren H wie in (70). Dann schreibt
sich (138) auch in Matrixform so :

$$(139) \qquad (z_o z_1 z_2) = (a \; b \; c) \cdot H$$

Es ist

$$(140) \qquad H = \begin{pmatrix} 1 & h_1 & h_1^2 \\ 1 & h_2 & h_2^2 \\ 1 & h_3 & h_3^2 \end{pmatrix} \; ,$$

ferner kann man wegen (54) oder $z_t = A z_{t-1} = A^2 z_{t-2}$ statt
z_1 auch $A z_o$ und statt z_2 $\quad A^2 z_o$ schreiben. Dann gilt :

$$(141) \qquad (a \; b \; c) = (E z_o \; A z_o \; A^2 z_o) \cdot H^{-1}$$

Wir führen jetzt einige Abkürzungen ein, um die C_i möglichst
kompakt angeben zu können.

Es sei $G = H^{-1}$ mit den Elementen g_{ij} , Teilvektoren davon
seien

$$(142) \qquad g_1 = \begin{pmatrix} g_{21} \\ g_{31} \end{pmatrix} \qquad g_2 = \begin{pmatrix} g_{22} \\ g_{32} \end{pmatrix} \qquad g_3 = \begin{pmatrix} g_{23} \\ g_{33} \end{pmatrix}$$

a_1 , a_2 und a_3 seien die Spalten(vektoren) der Matrix A ,
die in (132) numerisch spezifiziert ist. Es sei $B = A^2$ mit
den Elementen b_{ij} , entsprechend seien b_1 , b_2 und b_3 die
Spalten von A^2 bzw. B und a_i-a_k oder b_i-b_k seien Spaltenvektoren mit Differenzen als Elementen, $(r_i s_i)$ sei eine 3x2-
Matrix mit den Spalten r_i und s_i, Spaltenvektoren schreiben
wir auch in der transponierten Form $(0\ 0\ g_{11})'$ und schließlich soll noch gelten :

$$r_1 = a_1-a_3 \ , \ r_2 = a_2-a_3 \ , \ s_1=b_1-b_3 \ , \ s_2=b_2-b_3$$

$$q_1 = (0\ 0\ g_{11})' \ , \ q_2=(0\ 0\ g_{12})' \ , \ q_3=(0\ 0\ g_{13})'$$

$$k_1 = (g_{12}\ 0-g_{12})' \ , \qquad k_2 = (0\ g_{12}\ -g_{12})'$$

$$l_1 = (g_{13}\ 0\ -g_{13})' , \qquad l_2 = (0\ g_{13}\ -g_{13})'$$

Wir führen nun folgende aus diesen zusammengesetzte Zwischen-
abkürzungen ein :

$$a = (a_3 b_3)g_1 + q_1 \quad = z_e \quad (\text{siehe}(136)!)$$

$$u = (a_3 b_3)g_2 + q_2 \ , \ e_1=k_1+(r_1 s_1)g_2, \ e_2=k_2+(r_2 s_2)g_2$$

$$v = (a_3 b_3)g_3 + q_3, \ f_1=l_1+(r_1 s_1)g_3, \ f_2=l_2+(r_2 s_2)g_3$$

Die Spektralmenge zu A^t gemäß (107) ist dann :

$$(143) \quad C_1 = (aaa), \ C_2 = (u+e_1 \ u+e_2 \ u), \ C_3 = (v+f_1 \ v+f_2 \ v)$$

Alle diese Ausdrücke sind aus den Elementen von A gebildet
und der Leser kann sich mit den Werten in (132) die 27 bzw.
21 Elemente der drei Matrizen C_i (i=1,2,3) selber ausrechnen.
Wir geben dazu noch folgende Rechenhilfen :

$$(144) \qquad B = A^2 \ = \ \begin{pmatrix} 0,933 & 0,041 & 0,186 \\ 0,014 & 0,904 & 0,209 \\ 0,054 & 0,057 & 0,607 \end{pmatrix}$$

(Bis auf Rechenschieberrundungen sind die vertikalen Summen wie bei A natürlich +1).

$$(145) \qquad wG = wH^{-1} = \begin{pmatrix} 0,132 & -0,188 & 0,059 \\ -0,319 & 0,441 & -0,122 \\ 0,190 & -0,253 & 0,063 \end{pmatrix}$$

Hierin ist $w=-\det(H)=-(h_3-h_2)(h_2-1)(h_3-1)=+0,016 \cdot 0,1892$.

Die bei Einführung des Beispiels kritisch erwähnte Homogeni-
tätsannahme hat zum Inhalt, daß alle 445 Befragten mit den
gleichen Übergangswahrscheinlichkeiten von Monat zu Monat
zwischen den Parteien wechseln. In Wirklichkeit kann es
aber so sein, daß es etwa einen harten Kern von sehr Partei-
entreuen neben mehr unbeständigen Wählern gibt. Einem solchen
Fall gilt das folgende empirische Beispiel.

4.1.2. Aufteilung einer Stichprobe in zwei homogenere Teile

Die folgenden Zahlen (die mir Herr Dr.Franz-Urban Pappi vom
Zentralarchiv für empirische Sozialforschung der Universität
Köln zur Verfügung stellte) wurden 1969 vor und nach der
Wahl zum Bundestag erhoben. Außerdem wurde noch eine Rückerinnerungsfrage nach der Wahlentscheidung von 1965 gestellt. 1969 wurde vor der Bundestagswahl nach der Wahl-
absicht und hinterher nach der tatsächlichen Entscheidung
gefragt. Natürlich handelte es sich dabei um ein methodisches Experiment.
Die drei Zeitpunkte wurden hierbei innerhalb von Interviews
simuliert, wobei sich der Modus der persönlichen Beziehung
zur Wahlentscheidung jeweils änderte :

t_0 : Wahlentscheidung 1965 per Rückerinnerung
t_1 : Wahlabsichtserklärung vor der Wahl 1969
t_2 : Kurzfristige Rückerinnerung an die Wahl-
entscheidung 1969

Dieses Quasi-Panel bestand aus n=772 Personen, die zwischen
folgenden fünf Zuständen wechseln konnten :

z_1 SPD
z_2 CDU/CSU
z_3 Andere
z_4 Nicht-Wähler
z_5 Keine Antwort

Die Matrix der Übergangswahrscheinlichkeiten von t_0 zu t_1
sei mit A_1 , die von t_1 zu t_2 mit A_2 bezeichnet.
Die Spalten geben jeweils denfrüheren, die Zeilen den späteren Zeitpunkt an. In der Hauptdiagonale steht der Anteil
derer, die (nach ihrer Erinnerung) bei ihrer früheren Ent-

scheidung geblieben sind. Für diese Teilmenge von t_1 zu t_2
neu ausgezählt und berechnet. Das Ergebnis ist die Übergangs-
wahrscheinlichkeits-Matrix B_1 . Für die Restmenge der unbeständigen Wähler erhält man entsprechend B_2 . Die Matrizen
lauten im Einzelnen :

$$
\begin{array}{c c c c c c}
 & z_1 & z_2 & z_3 & z_4 & z_5 \\
\end{array}
$$

$$
A_1 =
\begin{array}{c}
1 \\ 2 \\ 3 \\ 4 \\ 5
\end{array}
\begin{pmatrix}
0,900 & 0,125 & 0,219 & 0,250 & 0,106 \\
0,036 & 0,787 & 0,171 & 0,300 & 0,168 \\
0,040 & 0,036 & 0,488 & 0,050 & 0,035 \\
0,004 & 0,009 & 0,000 & 0,300 & 0,044 \\
0,020 & 0,043 & 0,120 & 0,100 & 0,646
\end{pmatrix}
$$

$$
A_2 =
\begin{array}{c}
1 \\ 2 \\ 3 \\ 4 \\ 5
\end{array}
\begin{pmatrix}
0,774 & 0,118 & 0,125 & 0,238 & 0,208 \\
0,118 & 0,745 & 0,292 & 0,143 & 0,327 \\
0,034 & 0,003 & 0,458 & 0,000 & 0,030 \\
0,024 & 0,049 & 0,042 & 0,476 & 0,069 \\
0,051 & 0,085 & 0,083 & 0,143 & 0,366
\end{pmatrix}
$$

$$
B_1 =
\begin{array}{c}
1 \\ 2 \\ 3 \\ 4 \\ 5
\end{array}
\begin{pmatrix}
0,839 & 0,100 & 0,150 & 0,167 & 0,192 \\
0,071 & 0,768 & 0,250 & 0,083 & 0,356 \\
0,031 & 0,004 & 0,500 & 0,000 & 0,000 \\
0,022 & 0,046 & 0,000 & 0,667 & 0,082 \\
0,036 & 0,081 & 0,100 & 0,083 & 0,370
\end{pmatrix}
$$

$$
B_2 =
\begin{array}{c}
1 \\ 2 \\ 3 \\ 4 \\ 5
\end{array}
\begin{pmatrix}
0,562 & 0,213 & 0,111 & 0,333 & 0,250 \\
0,260 & 0,617 & 0,333 & 0,222 & 0,250 \\
0,041 & 0,000 & 0,444 & 0,000 & 0,107 \\
0,041 & 0,064 & 0,037 & 0,222 & 0,036 \\
0,096 & 0,106 & 0,074 & 0,222 & 0,357
\end{pmatrix}
$$

Die zwischen 1965 und 1969 hinzugekommenen Neuwähler sind
vor der Berechnung aus der Stichprobe ausgeschieden worden.
Die n=772 verbliebenen Fälle enthielten n_1 Konsistente als
Teilmenge , die zu B_1 gehört und $n_2 = n - n_1$ Wechsler, deren
Verhalten B_2 beschreibt. Man erkennt deutlich, daß die
Treue zu den Großen Parteien - möglicherweise bedingt durch
erinnerungsmäßige Verzerrung - mit 0,9 und 0,787 größer
ist, wenn man eine ganze Legislaturperiode "überdenkt",
als in der kurzfristigen, vom Wahlkampf noch mehr berührten
Erinnerung (0,774 und 0,745) . Vergleicht man die Haupt-
diagonalen von B_1 und B_2, so findet man erwartungsgemäß

eine erheblich größere Anhänglichkeit an die vor der Wahl
bevorzugte Partei (0,839 bei der SPD) bei denen, die sich
selbst als Konsistente in Erinnerung haben (B_1) als bei den
n_2 = 184 Wechslern (B_2) , von denen nur 0,562 ihrer Absicht
entsprechend SPD auch gewählt haben.
Um parallel zu (136) die vier Spektren dieser vier Matrizen
zu berechnen, müßte man Gleichungen fünften Grades lösen,
was maschinell kein Problem ist. Zu Zwecken der Illustrat-
ion vereinfachen wir jedoch die Daten zu 2x2-Matrizen, indem
wir jeweils nur die Dichotomie SPD:alle übrigen oder CDU:
alle übrigen bilden und aus der (83) und (85) entsprechen-
den Matrix $A = \begin{pmatrix} a & b \\ 1-a & 1-b \end{pmatrix}$ nur a und b angeben. b ist dabei
aus den hier nicht wiedergegebenen Rohzahlen berechnet wor-
den. Gemäß (79) und (88) gilt für den Grenz- oder Gleichge-
wichtswert :

$$(146) \qquad z_e = b(1+b-a)^{-1}$$

Zwecks Raumersparnis schreiben wir jetzt .639 statt 0,639.

Partei/Befr. /Überg.		a	b	$y_t = z_e + (y_o - z_e)(a-b)^t$	y_o	y_1
SPD	A_1	.900	.135	$.572 - .249(.765)^t$	.323	.384
SPD	A_2	.774	.142	$.385 - .002 \cdot (.632)^t$	.383	.385
SPD	B_1	.839	.124	$.485 - .104 \cdot (.715)^t$	.381	.396
SPD	B_2	.562	.207	$.321 + .078 \cdot (.355)^t$	.397	.348
CDU	A_2	.745	.182	$.415 - .019 \cdot (.563)^t$	.396	.405
CDU	B_1	.768	.147	$.389 + .051 \cdot (.621)^t$	.440	.420
CDU	B_2	.617	.271	$.415 - .160 \cdot (.346)^t$	.255	.359
Andere	A_2	.458	.019	$.034 + .029 \cdot (.439)^t$	.063	.047

Die Symbole der Befragungsübergänge bedeuten wie bei den
gleichbezeichneten Matrizen auf der vorigen Seite :

A_1:Übergang von 1965 zu 1969 in Gesamtstichprobe
A_2:Absicht und tatsächliche Wahlentscheidung 1969
B_1: Wie A_2,aber nur bei Konsistenten , n_1 = 588
B_2: Wie A_2, aber nur bei Wechslern   , n_2 = 184

Die Tabelle enthält acht Zeitpfade nach (79), wobei a die Treue zu der jeweils links angegebenen Partei zwischen den beiden bezeichneten Zeitpunkten angibt. Wie weit die "augenblickliche" Parteipräferenz y_t schon an den Gleichgewichtspunkt z_e herangekommen ist, hängt von der anfänglichen Abweichung davon, nämlich y_o-z_e, sowie dem zweiten Eigen - wert gemäß (82) von A , nämlich h_2 = a-b und der Zeit t ab. Außerdem gibt die Tabelle noch die beiden Anfangswerte y_o und y_1 an. Ist das Vorzeichen des beweglichen Teils von y_t negativ, so steigt y_t dauernd und nähert sich von unten an z_e an und umgekehrt bei positivem Vorzeichen. Man erkennt die Verlaufsrichtung des Zeitpfads auch schon aus den beiden Anfangswerten y_o und y_1 .

Die Zeitintervalle sind außerordentlich verschieden lang. Genau genommen müßte bei der vierjährigen Rückerinnerung A_1 der Wert y_2 auch erst vier Jahre später, also bei der Bundestagswahl 1973 , realisiert sein. Man erhält 0,422 und bei Annahme von 10% für die FDP bei normaler BTW 1973 sowie 36,9% für die CDU erhalten wir bei proportionaler Zuteilung der restlichen 11% für die SPD 46,8%, was genau auf der Trendlinie nach dem 19.11.1972 liegt. Diese zufällige Realistik der Prognose täuscht aber darüber hinweg, daß die CDU nach A_2 seinen Grenzwert von unten annähert , nach dem Zeitpfad gemäß A_1 aber immer fällt :

$$(147) \qquad y_t = .319 + .107\cdot(.681)^t$$

Dieser Nachtrag CDU/A_1 zur Tabelle und deren erste Zeile führen zu folgenden Prognosen (ohne Berücksichtigung von FDP,sonstigen Parteien,Nichtwählern und Antwortverweigerungen) :

Wahljahr	SPD	CDU
1965	32,3%	42,6%
1969	38,4%	39,6%
1973	42,2%	36,9%
1977	46,0%	35,3%
am Ende der Zeiten	57,2%	31,9%

Ob (147) als "Todesgleichung der CDU" realistisch ist oder nicht, sie aus den Daten hinter der Matrix A_1 folgern zu wollen, wäre jedenfalls eine enorme Strapazierung des geschilderten Datenerhebungsverfahrens. Ob einer solchen langfristigen Rückerinnerungsfrage aber wenigstens tendentiell eine prognostische Kraft zukommt, kann nur auf einer breiteren Datenbasis entschieden werden.

Die hier interessierende Hauptfrage bleibt indes, ob eine Zerlegung von A_2 in B_1 und B_2 , also zwei vermutlich in sich homogenere Teilstichproben (die deswegen sicher nicht für einander repräsentativ sind), zu verbesserten Schätzungen und damit Prognosen führt. Gewichtet man die z_e-Werte von B_1 mit $n_1=588$ und die von B_2 mit $n_2=184$ und teilt durch $n=772$, so kommt für die SPD 44,3% und für die CDU 39,1% heraus. Während nach der zweiten Zeile der Tabelle wegen $y_o - z_e$ = -0,002 die SPD schon im September 1969 ihr Gleichgewicht und damit ihr historisches Maximum von (roh) 38,5% erreicht hat und damit dazu verdammt ist, bis zum Ende der Zeiten unter dem Endwert der CDU von 41,5% zu bleiben, ergibt die Zerlegung in zwei homogene Teilmengen deutlich die langfristig realistischen Verlaufsformen an, was tendentiell aus der A_1-Prognose folgt.

Diese rein empirische Demonstration einer möglichen erheblichen Verzerrung von Parameterschätzungen bei in sich nicht homogenen Stichproben ersetzt eine methodisch-statistische Argumentation natürlich keineswegs. Insbesondere ist die Fehlerempfindlichkeit solcher Rechnungen nicht zu übersehen. Stichprobentheoretisch gesehen handelt es sich um eine nachträgliche Zerlegung, also Schichtung der Stichprobe. Normalerweise wird die Grundgesamtheit geschichtet und dann werden aus den homogeneren Schichten getrennt Zufallsstichproben entnommen. Dadurch verkleinert sich bekanntlich der Auswahlfehler und die Parameterschätzungen werden genauer. Im Falle dynamischer Modelle haben instabile oder verzerrte Schätzungen auch dynamische Konsequenzen. Daher sind Verbesserungen wie durch Schichtung in jedem Falle für die

Prognosegüte wichtig. Als Schichtungsmerkmale eignen sich
dynamische, wie Konstanz oder Wechselneigung, besonders gut,
es kommen aber auch andere und insbesondere statische, wie
Alter, Interesse an den Massenmedien, geistige oder politische Beanspruchung im Beruf und persönliche Zufriedenheit mit der augenblicklichen eigenen Lebenslage, in Betracht.
Bei dynamischen Modellen ist aber nicht nur die Populations-
homogenität, sondern auch die zeitliche Homogenität kritisch.
Es kann sein, daß die Koeffizienten a_{ij} selbst Zeitfunktionen oder gar Zufallsvariable sind. Dann ist vor der Anwendung des angegebenen Formelapparats zu warnen. Nach Möglichkeit sind vor jeder Rechnung Datenprüfungen vorzunehmen,
die mit Hilfe von geeigneten Tests zu bestimmen erlauben,
ob ein ruhiges Verhalten der Koeffizienten zu erwarten ist
oder nicht.

4.1.3. <u>Statik und Dynamik der Schichtung</u>

An einem empirischen, wenn auch vereinfachten Beispiel
haben wir das "Auseinanderlaufen" von global berechneten
und geschichteten Zeitpfaden gesehen. Die Zerlegung von
Stichproben hat Folgen für die multivariaten Zusammenhänge
innerhalb dieser Stichproben. Der einfachste Fall ist die
Zerlegung einer Vierfeldertafel nach einem dritten dichotomen Merkmal. Lazarsfeld (in seinem IESS-Artikel 1968, Vol.
15, S.419-429) geht in der Entwicklung seiner dichotomen
Algebra von einem dichotomen Würfel aus, der in zwei
quadratische Tabellen zerlegt wird . Wir bilden ein fikti-
ves Beispiel :

$$(148) \qquad W = \begin{pmatrix} 60 & 20 \\ 40 & 80 \end{pmatrix} \qquad U = \begin{pmatrix} 40 & 10 \\ 10 & 40 \end{pmatrix} \qquad V = \begin{pmatrix} 20 & 10 \\ 30 & 40 \end{pmatrix}$$

U und V sind hier als quadratische Matrizen geschriebene
Tabellen, die das zerlegte W darstellen. Es ist also :

$$(149) \qquad W = U + V$$

Es seien etwa die 60 gedeutet als Zahl der Personen, die
in t_o und in t_1 für die SPD waren, 20 waren in t_o nicht
dafür, aber in t_1, 40 waren in t_o dafür, aber nicht in t_1
und die 80 waren weder in t_o noch in t_1 dafür. Die insgesamt
200 Befragten waren in t_o zu 50% für die SPD, in t_1 nur
noch zu 40%. Die 200, die den Inhalt von W ausmachen, werden nun in die zerlegt, die studiert haben (U) und die, die
nicht studiert haben (V). Die U-Gruppe bleibt von t_o zu t_1
konstant mit 50% bei der SPD, während die V-Gruppe erst
auch 50%, dann nur noch 30% enthält, die für die SPD sind.
Bildet man als Kontingenzmaß das Lazarsfeld'sche Kreuzpro-
dukt, also die Determinante der durch ihre Gesamtsumme ge-
teilten Werte , so erhält man :

$$(ij) = 0,1 \qquad \text{für W}$$
$$(ij;u) = 0,075:2 \qquad \text{für U} \quad \text{und}$$
$$(ij;v) = 0,025:2 \qquad \text{für V} .$$

Nach der bekannten Formel für die Zerlegung des Kreuzpro-
dukts ist :

$$(150) \qquad (ij) = \frac{(ij;u)}{p_u} + \frac{(ij;v)}{p_v} + \frac{(iu)(ju)}{p_u p_v}$$

Hierbei stehen p_u und p_v für den Anteil derer, die studiert
bzw. nicht studiert haben und (ju) mißt den Zusammenhang
zwischen "Vorher-pro-SPD-Sein" und "Studiert-Haben", während
(iu) denzwischen "Nachher-pro-SPD-Sein" und "Studiert-Haben"
mißt. Aus (148) läßt sich sofort errechnen :

$$(ju) = 0$$
$$(iu) = -0,05$$

Das heißt, die vorher (t_o) wie nachher (t_1) weitgehend von
denselben Leuten positiv oder negativ beurteilte SPD (was
relative Konsistenz der Einstellungen bedeutet und durch
ein positives (ij) zum Ausdruck kommt) wird von U- wie von
V-Leuten konsistent beurteilt, wenngleich auch von den
U-Leuten konsistenter. Die Tatsache, daß das Vorher-Urteil
schichten-indifferent ((ju)=0) ist, das Nachher-Urteil

aber nicht $((iu)=-0,05)$, trägt zur Erklärung der Größenord-
nung von (ij) nichts bei (der dritte Summand in (150) ist
0), vermindert insbesondere (ij) nicht.

Diese rein statische Analyse verbirgt zwei unterschiedliche
Markoff-Zeit-Pfade bei U und bei V und läßt nicht erkennen,
daß die Prognose verschieden ausfällt, je nachdem, ob man
nur die Informationen von W benutzt oder die in den getrenn-
ten Schichten U und V . Wir berechnen, um das zu zeigen, die
Markoff-Parameter a und b aus (148) und geben die relevanten
Werte der drei Prozesse (für W, U und V) wie in der letzten
Tabelle und in (147) an :

	a	b	z_e	$y_o - z_e$	$(a-b)^t$	y_o	y_1	y_2	y_3
W	.6	.2	.33	+.166..	$(.4)^t$	.5	.4	.36	.344
U	.8	.2	.50	0	$(.6)^t$	.5	.5	.50	.500
V	.4	.2	.25	+.25	$(.2)^t$	.5	.3	.26	.252

Da U wie V auf je der Hälfte, nämlich 100 Fällen von den
200 von W beruhen, müßte eigentlich - so könnte man intui-
tiv meinen - der Zeitpfad für W die halbe Summe der Zeitpfade für U und V sein. Daß dies schon ab y_2 nicht mehr so
ist, kann man unmittelbar aus dieser Tabelle ablesen. Natürlich gilt es auch nicht für die Endwerte z_e bzw. y_e. Der
gemittelte Pfad hat die Gleichung :

$$(151) \qquad y_t(UV) = .375 + .125(.2)^t = \frac{1}{2}(y_t(U)+y_t(V))$$

und liegt damit deutlich über dem schichtungsfreien Pfad :

$$(152) \qquad y_t(W) = .33.. + .166..(.4)^t$$

Dabei trägt $y_t(U)$ zum dynamischen Teil von (151) nichts bei,
da es selbst konstant $+0,5$ ist, sich also permanent im Gleichgewicht befindet.

Die Zerlegung oder Disaggregierung von Stichproben, Gruppen
oder Globalgrößen ist also dynamisch noch relevanter als
bei der statischen Kausalanalyse. Empirische soziologische
Analysen des Zusammenhangs von Klassenwechsel und Bewußt-
seins-wechsel können hieran nicht vorbeigehen.

4.1.4. <u>Ein Beispiel aus der Marktforschung</u>

Wählerwechselverhalten ist zwar theoretisch vielleicht etwas
anderes als das Wechseln von Verbrauchern zwischen Marken-
artikeln, aber Markoff-Modelle können in beiden Bereichen
sinnvoll eingesetzt werden. Ermittelt man in bestimmten
Märkten konstante Übergangswahrscheinlichkeiten zwischen
den Marken eines Produktfeldes auch während heftiger werb-
licher Aktivität der konkurrierenden Hersteller und Werbe-
agenturen, so können einem außenstehenden Beobachter Zweifel kommen, ob es spürbare Auswirkungen der Werbung gibt.
Denn ihre manipulative Wirksamkeit müßte sich in der Veränderung der Übergangswahrscheinlichkeiten a_{ij} zeigen, von
denen ja die langfristige Marktaufteilung allein abhängt,
wenn die Zeitperioden einigermaßen (bei der Definition der
a_{ij}) realistisch gewählt sind.
Das folgende Beispiel soll zeigen, daß man keineswegs die
vollständige Information der Matrix A, also alle $n(n-1)$ voneinander unabhängigen Übergangswahrscheinlichkeiten (bei
insgesamt n Zuständen, Marken, Wahlmöglichkeiten) braucht,
um zu erfolgreichen Prognosen zu kommen. Das ging schon
indirekt aus der isolierten SPD- und CDU-Zahlen-Behandlung
im Anschluß an (146) und der dort folgenden Tabelle hervor.
Nicht der Wechsel zwischen fünf , sondern nur der zwischen
je zweien wurde simultan analysiert. Man hat dann pro Zustand oder Partei/Marke ein Vierfeld wie W in (148) vor
sich und braucht außer den Randsummen (Randverteilungen)
nur eine der vier Binnen-Zahlen. Meist hat man die Marken-
treue oder allgemeiner gesagt $a_{ii}=a_{11}$, a_{22} , $\ldots a_{nn}$, also
die Wahrscheinlichkeit, in dem Zustand der Vorperiode zu
bleiben.
Ein Vorteil bei der Analyse des Markenwechsels gegenüber
den politischen Lebensbereichen ist die einigermaßen stabile
Periodizität wiederholter Einkäufe desselben Gutes. Das
gilt besonders für den Kaffemarkt, auf den sich das Beispiel bezieht.(Siehe Literaturverzeichnis (31)).

Im Juni 1964 wurden 2456 Hausfrauen gefragt, welche von sechs
Kaffeemarken sie beim "letzten Mal" gekauft hätten und welche
sie als nächste kaufen würden. Die Auszählung ergab folgende
absoluten Zahlen :

j	i	1 J	2 R	3 V	4 O	5 E	6 T	7 sonst.	Summe
1	Jacobs	424	9	9	14	13	26	106	601
2	Ronning	15	42	7	1	2	4	15	86
3	Vox	20	9	51	2	3	11	18	114
4	Onko	19	6	4	109	4	8	36	186
5	Eduscho	11	4	3	6	145	9	31	209
6	Tschibo	9	1	4	2	15	334	66	431
7	sonstige	51	22	32	10	18	31	665	829
Summe		459	93	110	144	200	423	937	2456

(i und j sind hier absichtlich vertauscht, da i den nächsten
Zustand (t+1) und j den letzten (t) bezeichnet). Die sechs-
fache Vierfeld-Analyse ergab sechs Paare von Übergangswahrscheinlichkeiten $a_{ii} = a$ und $a_{ij} = b$, die bei Anwendung
von (79) zu einem Marktgleichgewicht nach etwa 8 Perioden
führten. Durch eine Zusatzfrage war die Einkaufsperiode für
Kaffee als etwa 1 Monat ermittelt worden. Als Prognosewert
für den Februar (t+8) wurde daher z_e , also der Endwert der
jeweiligen Marke , genommen. Eine Kontrolle der Prognose
ergab sich aus einer Befragung von 620 Hausfrauen im Februar
1965 nach der zuletzt gekauften Marke. Das Ergebnis wird der
Prognose und dem Vektor z_o der Anfangswerte gegenübergestellt:

	Juni 1964	Feb.1965	Feb.1965
	tatsächl.	vorausgesagt	tatsächl.
Jacobs	37	34	34
Tchibo	26,5	30	31
Eduscho	13	14	14
Onko	11	7	9
Ronning	5	8	8
Vox	7	7	5

Es erübrigt sich zu sagen, daß hierfür weder ein Panel noch
ein Panel-Institut noch ein Computer erforderlich waren.

4.1.5. Spezielle methodische Probleme

Bei der praktischen Anwendung von Markoff-Modellen ergeben
sich eine Reihe von besonderen Schwierigkeiten, die durch
das Modell nicht gelöst, sondern gestellt werden. Wir wollen
darauf kurz eingehen.

Bei Wahlprognosen geht es zunächst um die vollständige nu-
merische Erfassung aller Zustände, ihre zeitliche Vergleich-
barkeit von Befragung zu Befragung und ihre Vergleichbar-
keit mit dem amtlichen Wahlergebnis .

Was die Erfassung aller Zustände angeht, so muß man außer
den zur Wahl stehenden Parteien noch folgende Kategorien
erfassen :

      a Unentschiedene
      b Verweigerer
      c Nicht-Wähler
      d Abgeber ungültiger Stimmen

Dazu kommt noch der Ausfall derer, die nicht nur die Antwort auf die Wahlfrage, sondern überhaupt das ganze Interview verweigern oder bei wenigstens einer der Befragungs-
wellen (im panel) nicht antreffbar sind. Das hiermit ange-
sprochene Problem der Panel-Sterblichkeit läuft darauf
hinaus, äquivalente Substitute für die ausgefallenen Einheiten zu definieren, zu finden und für die Mitarbeit im
Panel zu gewinnen. Technisch hängt dies mit dem Fusions-
problem zusammen (Harder 1968, S.43-45).

Die Unentschiedenen sind dies vielleicht nur hinsichtlich
einer bestimmten Frage oder Frageformulierung, so daß man
sich oft in der Praxis mit $Z_u$satz- und Alternativfragen,
einem Skalometer, einer Sympathiefrage oder anderen Arten
erfolgreich hilft. Dies gilt prinzipiell auch für die Ver-
weigerer (Börger 1971, S.209 ff.). Börger hat diese Fragen
unter dem generellen Gesichtspunkt indirekter Indikatoren
für die Parteipräferenz behandelt.

Bei c und d geht es nicht nur um die Datenerhebung, sondern
um eine Prognose zukünftigen individuellen Wahlverhaltens
überhaupt. Der Befragte kann erklären, überhaupt nicht

wählen zu wollen, oder am Wahltag technisch verhindert zu
sein oder umgekehrt kann er erklären, die und die Präferenz
zu haben , dann aber aus zufälligen Gründen am Wahltag nicht
wählen. Hier bleibt nur die Hoffnung, daß diese Ausfälle
sich wegen echter Zufälligkeit ausgleichen.
Ungültige Stimmen sind prinzipiell durch eine secret ballot
mit abschätzbar (Vorschlag von Anger zitiert bei Börger,S.
193). Die Stichprobe müßte dann aber ein Vielfaches der
üblichen 2000 Fälle umfassen, was bei Panel-Erhebungen ziemlich teuer wird.
Börger geht bei seiner Anpassung der Befragungs- an die amtlichen Kategorien (S.188-201) von der Form des amtlichen
Wahlergebnisses aus, bei der c und d fehlen , und löst das
Problem der unbekannten Aufteilung von a und b mittels des
Verfahrens der LAGRANGEschen Multiplikatoren. Der Leser sei
darauf verwiesen.
Wie einige andere,so ist auch die Frage der zeitlichen Ver-
gleichbarkeit keineswegs auf Wahlprognosen beschränkt. Denn
selbst wenn alle Zustände numerisch gefüllt werden können,
und zwar zu jedem Zeitpunkt, so sind Neueintritte von Einheiten in die Grundgesamtheit (neue Wähler- oder Käufer-
schichten, neue Kohorten allgemein) sowie Austritte (Aus-
wandern, Sterben, Übergang ins Gefängnis oder eine ähnliche
Institution) durchaus geeignet, Zweifel an der Vergleichbar-
keit der Zustände aufkommen zu lassen. Die Frage an einen
1969 einundzwanzigjährigen Wähler, was er 1965 gewählt hätte,
wäre er damals wahlberechtigt gewesen, bedeutet sicher etwas
anderes als die normale Rückerinnerungsfrage an einen damals
Wahlberechtigten. Daher wurden bei den Daten zu 4.1.2. die
Neuwähler aus der Stichprobe vorher eliminiert. Auch in den
im Sinne der Markoff-Prozesse "absorbierenden" Zustand des
Todes verlieren sich unglücklicherweise pro Legislaturperiode knapp 3 Millionen Bundesbürger. Auf die damit angeschnit-
tenen Probleme der Kohortenanalyse und des sozialen Wandels
kommen wir noch unter 4.3. zurück.

Ein anderes methodisches Problem liegt in der <u>Schätzung der
Koeffizienten</u> dynamischer Prozesse mittels <u>ökologischer
Daten</u>. Es unterliegt allgemein, also unabhängig davon, ob
es sich um statische oder dynamische Fragestellungen handelt,
der Kritik am ökologischen oder Gruppenfehlschluß (Hummell
1972,S.85-86). Bei diesem Fehlschluß wird aufgrund eines
Makro-Zusammenhangs ohne Berechtigung auf den "entsprechenden" Mikro-Zusammenhang geschlossen. Das kann bei sich nicht
ausschließenden Merkmalen noch plausibel klingen, wie etwa
bei der Aussage : je höher der Arbeiteranteil in einer Re-
gion , desto höher der SPD-Anteil. Aus dieser ökologischen
Datenbeschreibung folgert man dann für Individuen : also
wählen Arbeiter mehr SPD als Nicht-Arbeiter. Bei Parteien-
Anteilen, die individuell keine Mehrfachpräferenzen zulassen, ist dies nicht möglich. Angenommen, bei der Landtagswahl 1967 in Schleswig-Holstein ergab sich ein Korrelationskoeffizient r zwischen CDU und NPD von +0,45 (dies war tatsächlich der Fall!) - was soll man daraus schließen ? Rein
deskriptiv heißt das, daß beide Parteien in den von insgesamt 44 Wahlkreisen, wo die eine überdurchschnittlich gut
abschnitt, gemeinsam gut abschnitten und umgekehrt. Bedeutet diese regionale Erfolgsgemeinschaft, daß sie nicht miteinander konkurrieren, also der eine nicht das nimmt, was
der andere verliert (das müßte sich ja in einem negativen
r zeigen), <u>weil</u> beide soziostrukturell so ähnlich sind ?
Eine individuelle Deutung ist - wenn überhaupt - noch am
ehesten dynamisch möglich : was in einem Gebiet für die CDU
günstig ist, ist auch für die NPD günstig, <u>daher</u> schwanken
die Wähler sehr stark und pendeln zwischen beiden hin und
her. Dieses "Pendeln" müßte sich in großen Übergangswahrscheinlichkeiten zwischen beiden Parteien zeigen, also in
großen a_{ij} . Deren Ermittlung darf aber nicht "ersatz-
weise" über Regionen erfolgen, weil dann wieder eine Ver-
wechslung von Zeit und Raum als Realisationstyp vorläge,
sondern über kurze Zeiteinheiten, etwa Monate.

Die a_{ij} müßten auch anhand individueller Panel-Daten geschätzt werden und nicht als ökologische Regressionskoeffi-
zienten, wie es Calot und Bohley (1970,S.139-144) tun, die
wir bereits in 1. erwähnten. Obwohl sie negative Koeffizienten erhalten (S.149 sogar -1,58 als "Anteil" der NPD-
Wähler 1965 , die 1966 zur CDU übergehen), bleiben sie bei
ihrer Deutung als prozentualem Zufluß zu den einzelnen Parteien. Da auch 1,05 und sogar 1,52 (S.149) vorkommen, kann
man eine Markoff-Ketten-Extrapolation gar nicht vornehmen,
da sich explosive Verläufe ergeben.
Die Autoren weisen darauf hin, daß sie die Positivität der
Koeffizienten hätten erzwingen können, aber den Aufwand ge-
scheut hätten (S.145). Als ob durch künstlich eingeführte
Restriktionen Koeffizienten zu echten Übergangswahrscheinlichkeiten würden !
Betrachten wir die Aufgabe, die sich Calot und Bohley stellen, allgemeiner. Es sollen n^2 Werte der Matrix A in (54)
unter der Nebenbedingung, daß die vertikalen Summen in A
alle +1 sind, geschätzt werden. Die beiden Vektoren z_t und
z_{t-1} enthalten aber nur $2n - 2$ Informationen, also liegt
bei n=6 ein unterbestimmtes System vor. Die Panel-Erhebung
der n_{ij} und die anschließende Prozentuierung der n_{ij} auf die
Summen n_i wie in (129) angegeben ist der eine Weg, diese
Informationslücke zu schließen. Der andere ist die m-fache,
im Falle von Hessen die 48-fache Erhebung (bzw.Ablesen aus
den Statistischen Berichten des Hessischen Statistischen
Landesamtes vom 2. Nov.1966) von z_t und z_{t-1} . Die m oder
48 Spaltenvektoren z_t werden dann zur 6x48 Matrix Z_t zusam-
mengestellt. Entsprechend erhält man Z_{t-1} .(Diese Z sind
nicht mit Z in (72) zu verwechseln!) Statt (54) ergibt sich
nun :

$$(153) \qquad\qquad Z_t = A \cdot Z_{t-1} + U$$

U ist die6x48-Matrix der Störgrößen oder Voraussagefehler.
Man kann nun A auf verschiedene Weise schätzen, etwa, indem
man die aus je 48 Summanden bestehenden Elemente der Haupt-

diagonalen von $M=UU'$ __einzeln__ minimiert. Dies entspräche
der Methode der kleinsten Quadrate und wäre ein __Einzel-__
__schätzungsverfahren__ , da die Werte in A zeilenweise und
voneinander isoliert, also zuerst nur für die Übergänge zur
SPD (1.Zeile von (153)), dann nur für die zur CDU usw. geschätzt würden. Ein anderes Verfahren isoliert die Schätz-
vorgänge nicht, sondern bildet ein Kriterium, das zu minimieren ist, das alle a_{ij} __simultan__ enthält, etwa die Summe
aller m_{ii} in $M=UU'$. Diese Summe nennt man auch die Spur von
M und schreibt : $Sp(M)$. In der Ökonometrie hat das Verfahren der größten Dichte oder der Maximum-Likelihood-Schätzung
sich durchgesetzt. (Zu diesem und verwandten Schätzverfahren
im Zusammenhang mit rekursiven und interdependenten Modellen
siehe Menges 1961, S.50ff. und S.99 ff. sowie die dort angegebene Literatur). Calot und Bohley bilden das chi-Quadrat-
kriterium, das hier in einer Summe von c_{ij} über alle i und
j besteht, wo $c_{ij} = \bar{z}_{ij}^{-1}(u_{ij})^2$ und $\bar{z}_{ij}$ das allgemeine Element in AZ_{t-1} ist.
Wir müssen uns hier auf diese kurze Schilderung der Schätz-
techniken beschränken. Entscheidend ist in diesem Zusammenhang aber, daß jedes Verfahren, das die individuellen Übergänge, also die "Binnenwanderung" zwischen den Zuständen
oder Wahlmöglichkeiten nicht explizit empirisch mißt, sondern die regional oder kontextual erweiterte Matrix Z anstelle von Zeitreihen benutzt, die Realisationstypen Zeit
und Raum vertauscht und die regionalen Kovarianzen als zeitliche Verschiebungen mißdeuten kann.Zum ökologischen oder
Gruppenfehlschluß (von den Randverteilungen in Z auf die
individuellen Übergangswahrscheinlichkeiten A) kommt dann
ein __dynamischer Fehlschluß__.
Um diesen noch näher zu veranschaulichen, geben wir eine
leicht vom Leser abzuleitende Formel für den Pearson'schen
Korrelationskoeffizienten $r_{x_1-x_2,\,y_1-y_2}$ zwischen den zeitlichen Differenzen zweier Variabler x und y an :

$$(154) \qquad r_{dd'} = s_1^{-1}s_2^{-1}(s_{11}s_{21}r_{11} + s_{12}s_{22}r_{22}$$
$$- s_{12}s_{21}r_{21} - s_{11}s_{22}r_{12})$$

Hierin ist $s_i^2 = s_{i1}^2 + s_{i2}^2 - 2s_{i1}s_{i2}r_i$ $\quad$ (i=1,2) und ferner

$\qquad s_{it}=$ Standardabweichung bei Partei i zur Zeit t

$\qquad r_{t_1 t_2} = r$ zwischen x_{t_1} und y_{t_2} , wobei x der

$\qquad$ Parteianteil bei Partei i=1 und y bei i=2 ist.

s_1^2 ist die Varianz der x-Parteianteilsänderungen vom Zeitpunkt t=1 bis t=2 über alle 48 Kreise, s_2^2 die entsprechende Varianz der Änderungen bei der y-Partei. Von den Ausdrücken in der Klammer von (154) sind nur r_{21} und r_{12} dia-
chronisch, das heißt mehrere verschiedene Zeitpunkte miteinander verbindende Maße, während alle anderen nur Beziehungen
zu ein und demselben Zeitpunkt stiften. Natürlich ist $r_{dd'}$
ein dynamisches Maß, da es die Korrelation zwischen zwei
zeitlichen Veränderungen, nämlich $d=x_1-x_2$ und $d'=y_1-y_2$,
mißt. (154) hat den Vorteil, etwa bei 3 Wahlen mit 5 Parteien die 30 möglichen Korrelationen zwischen Änderungen
$r_{dd'}$ $\quad$ direkt aus den 75 diachronen und 30 synchronen Maßen
$r_{t_1 t_2}$, $r_{t_1 t_3}$ und $r_{t_2 t_3}$ berechenbar zu machen, die im Com-
puter-output oder im Zwischenprogramm realisiert sind.
$r_{dd'}$ stellt übrigens diejenige Maßzahl dar, die das auch
wirklich ausdrückt, was die "theoretische" oder Interpreta-
tionssprache immer intendiert, wenn sie folgende Sprachfor-
men verwendet : "wenn x steigt, dann steigt auch y", " die
CDU hat die NPD großenteils (!) aufgesogen", " die DKP wurde
durch die SPD verdrängt ", " überall da, wo die FDP gewann,
verlor die CDU an Stimmen" und so weiter. Der Nachweis für
solche Aussagen, der den Großteil der Wahlanalyse und -kri-
tik und schließlich des parteipolitischen Denkens beherrscht,
kann nur durch Präzisierungen vom Typ (154) erfolgen, wobei
an die Stelle der Regionen selbstverständlich auch echte
Kontexte, Gruppen, Quasi-Gruppen, Organisationen und Situa-
tionen treten können.

Wir wenden jetzt auf das Beispiel der CDU-NPD-Beziehungs-

Veränderung zwischen der Bundestagswahl 1965 (t=2) und und
der Landtagswahl 1967 (t=1) - die Zeitindices sind bewußt
in rückläufiger Reihenfolge gewählt - in Schleswig-Holstein
die Symbole in (154) an (i=1 : CDU, i=2 : NPD) :

$$s_{11}=5,00 \qquad s_{12}=5,17 \qquad s_{21}=1,11 \qquad s_{22}= 0,63$$

$$s_1 = 1,92 \qquad \bar{x}_2= 48,27 \qquad s_2 = 0,93 \qquad \bar{y}_2= 2,39$$

$r_1 = r_{x_1 x_2} = +0,93$: die CDU-Anteile korrelieren
diachron hoch und positiv miteinander

$r_2 = r_{y_1 y_2} = +0,55$: die diachrone Konsistenz von
NPD-Anteilen ist dagegen viel schwächer

$r_{11}= +0,45$: je höher der CDU-Anteil in einem Kreis,
(1965)   desto höher ist dort auch der NPD-Anteil

$r_{22}= +0,29$: 1967 ist dieser Zusammenhang erheblich
schwächer als 1965

$r_{12}= +0,27$: je größer der CDU-Anteil 1967 in einem
Kreis war, desto größer war dort 1965 der
Anteil der NPD

$r_{21}= +0,47$: ein größerer NPD-Anteil 1967 bedeutet
auch einen größeren CDU-Anteil 1965 , dies
gilt in stärkerem Maße als umgekehrt (r_{12})

Aus dem Vergleich von r_{21} mit r_{12} könnte man die Vermutung
ableiten, die NPD habe der CDU Stimmen weggenommen . Dies
ist verträglich mit folgendem Zahlenbild (ungewichtete
Durchschnitte der 44 Wahlkreise) :

	BTW '65	LTW '67
CDU	48,27	45,95
SPD	38,68	39,32
FDP	9,42	5,91
NPD	2,39	5,82

(SSW und sonstige sind vernachlässigt).
Allerdings könnte die NPD auch die FDP beerbt haben. Um die
Vermutung , die NPD habe die CDU beerbt, zu prüfen, berech-
nen wir $r_{dd'}$ nach (154) und erhalten :

(155) $$r_{dd'} = r_{x_1-x_2, y_1-y_2} = -0,062$$

Erst mit (155) wird überhaupt die Aussage gemacht, daß die
CDU dort Stimmen verloren hat, wo die NPD welche gewann .
Da es sich nicht um ein Stichprobenergebnis handelt, also
keine sample-Fehler vorliegen können, ist (155) unbezweifel-
bar. Aussagen über "Wegnahmen" und "Beerbung" gelten allerdings nur ökologisch und durchschnittlich, nicht individuell.
Individuell könnte ein Dreieckstausch zwischen CDU, NPD und
FDP stattgefunden haben, wobei auch die SSW noch eine Rolle
gespielt haben kann.
Mit diesem Beispiel und auch mit dem einfachen r in (154)
konnte nur das Prinzip dynamischer Fehlschlüsse angerissen
werden. Bei der Regressionsrechnung, vor allem bei ihrer
multiplen Form , werden die Fehlermöglichkeiten schnell
unübersichtlich. Durch ihre Variante der Pfadanalyse, die
mit partiellen Regressionen arbeitet, werden dynamische
Irrtumsmöglichkeiten nur dann unter Kontrolle gebracht, wenn
die Zeit als Variable aufgenommen wird.
Besonders eine prognostische Anwendung von Regressionskoeffi-
zienten, ob sie als Übergangswahrscheinlichkeiten gedeutet
werden oder nicht, ist dann problematisch, wenn diese fast
nur interregionale oder sonstige statische Information enthalten. Die (heimliche) Annahme, daß alle Kreise sich in
bestimmten Stadien einer gleichförmigen Entwicklung befinden und der eine früher, der andere später gleiche Prozent-
Vektoren durchläuft, ist durchaus präzisierbar und mittels
historischer Daten testbar. Es ist aber eine dynamische
Hypothese, die dann auch so modellmäßig formuliert zu werden verdient.
Dazu braucht man Wahlkreis-interne nicht allzu kurze Zeitreihen, um solche Verläufe wie (103) bzw. (124) oder (79)
zu erkennen. Im Zwei-Parteien-Fall haben a und b im End-
kampf (z_e) nach (79) und (80) entgegengesetztes Vorzeichen.
Die größeren Flexibilitäten im Drei-Parteien-System ergeben
sich aus der Anwendung von (137) bis (143) . Was bei Simu-
lationen geschieht, ist ohne diese Analyse unklar.

4.2.   Analyse von Tagebuch-Daten

In den bisherigen Beispielen haben wir es nur mit wenigen,
meistens nur zwei Zeitpunkten oder Folge-Elementen von Prozessen zu tun gehabt. Eine Ausnahme bildete das fiktive Beispiel des Kinderspielplatzes mit T=60 bzw. 64 potentiellen
Zustands-Wechseln. In diesem Falle wurde eine ziemlich einfache Methode der Datenerhebung angegeben (siehe 4.1.). Im
allgemeinen ist dies jedoch nicht so einfach. Zwar arbeitet
man in der Ökonometrie mit Zeitreihen von einem halben bis
mehreren Dutzend Jahres- oder Quartalsdaten, die man aber
aus der amtlichen Statistik beziehen kann. Für die Sozialwissenschaften existiert eine solche Statistik aber kaum.
Die Forderung nach der Schaffung und Instituierung von
"Sozialen Indikatoren" hat natürlich noch keine Sammlung
von nicht-ökonomischen sozialstatistischen Zeitreihen her-
vorgebracht, die dem Verständnis und dem methodisch-kriti-
schen Bewußtsein der empirischen Sozialforschung genügt
(siehe den von W.Zapf herausgegebenen Berichtsband über die
"Arbeitskonferenz Soziale Indikatoren" vom 7.und 8.1.1972
in Frankfurt am Main). Es gibt also kaum Datengrundlagen,
mit denen man die Verfahren ausprobieren kann, die man
eigentlich in ausprobierter Form schon braucht, um die An-
forderungen an den Präzisionsgrad , die Periodizität und
und andere analysetechnische Aspekte der Datengrundlagen
praktikabel formulieren zu können. Hier liegt einer der
circuli vitiosi der Unterentwicklung moderner empirisch
gesteuerter Politik-Beratung.
Einen Datentyp, an dem man wenigstens stellvertretend einige
wenige Probleme dynamischer Analyse demonstrieren kann, ist
die Aufzeichnung von Tagesabläufen , also Tagebuch-Proto-
kolle über bestimmte Ereignis-Reihen wie Lektüre, sportlich-
es Training, Studium, Annäherungsverhalten, Einkäufe, Krankheit und Gesundheit, Erfolgskurse, Essen und viele andere.
Die folgenden Analysen beziehen sich auf Tagebuch-Daten
einer medizinsoziologischen Studie aus den USA .

4.2.1. <u>Kranksein und Gesundsein als stochastischer Prozess</u>

Die folgenden Daten entstammen einer Tagebuch-Erhebung bei
512 Familien aus Rochester,N.Y., im Jahre 1970 (zum Hintergrund der Rochester Child Health Surveys siehe Roghmann und
Haggerty 1970). Bei der Analyse entwickelten Harder und
Roghmann dynamische Modellvorstellungen, deren Anwendungen
im folgenden exemplifiziert werden.
Die Aufzeichnungen enthalten viele Hunderte von Krankheits-
bezeichnungen. Trat irgend eine Krankheit an einem Tag auf,
so wurde dieser als Krankheits-Tag definiert. Für die 28
Tage, während derer das Tagebuch geführt wurde (T=28), ergab
sich also eine Folge von K-Tagen und N-Tagen (K=Krankheit,
N=Nicht-Krankheit) für jedes Familienmitglied getrennt. So
kann eine bestimmte Mutter etwa durch eine solche Folge be-
troffen sein :

$$NNNKKNNNNNKKNNNNNNNKKKNNNNNNNN$$

Wir kennzeichnen die Übergänge zwischen N und K als Lücken:
$$NNN\ KK\ NNNN\ KK\ NNNNNN\ KKK\ NNNNNNNN$$

Für das Merkmal "Krankheit" gibt es also bei Müttern genau
n=512 solche Folgen, ebenfalls bei Vätern und ersten Kindern. Die Mutter im Beispiel ist an 7 von 28 Tagen in irgendeiner Form krank, also an einem beliebigen Tag mit einer
Wahrscheinlichkeit P=0,25. Die durchschnittliche Länge
einer Krankheits-Episode ist $\frac{1}{3}(2+2+3) = 2,3$, die einer
Gesundtheits-Episode ist 21:4=5,25 . Ordnet man allerdings
die Folge zyklisch an und läßt die Teilkette NNN der Teil-
Kette NNNNNNNN direkt folgen, so erhält man nur 3 N-Episo-
den mit der durchschnittlichen Länge von 7,0 Tagen. Diese
Berechnung ist die richtige, da der Beginn (kalendarisch
oder chronologisch) der Kette (1.Tag des Tagebuchs) zufällig ist und sich aus allen 512 Ketten empirisch eine Länge
von 7,1 ergab. Das ist natürlich keine Folgerung aus diesem
Beispiel. Diese müßte so lauten : die Wahrscheinlichkeit
(W.), daß die Kette mit N beginnt, ist 0,75 , in 17 von
20 Übergängen folgt dem N wieder ein N, also ist die Über-

gangswahrscheinlichkeit 0,85 . Das ist die W. für das Auftreten von NN , wenn N schon dasteht, also ist die Gesamt-
W. für NN 0,75·0,85 = 0,64, entsprechend die für das Auf-
treten(am Anfang der Fortsetzung) von NNN $0,75 \cdot (0,85)^2$
= 0,543 , also größer als die W.für die Alternative, nämlich
1-0,543 = 0,457 . Daher entscheiden wir uns für die erste
Alternative.(Der Leser berechne die Übergangsw. von K zu K
anhand des Beispiels und achte auf die unten mitgeteilte
Zahl für alle 512 Fälle). Wir sind bei dieser Überlegung
von der Frage ausgegangen, wie der Prozeß wohl weitergehen
wird . Dies ist aber keine zwingende Perspektive, obwohl
Gesundheitsvorhersagen große planerische Bedeutung haben
können. Es gibt natürlich keine Möglichkeiten, sich aufgrund einer einzigen individuellen Folge für zyklische oder
nicht-zyklische Anschlüsse zu entscheiden. Die angestellte
Überlegung würde bei NNNN zu 0,46 führen und die Zyklik ab-
lehnen. Dies spiegelt aber nur die Daten wieder, die ja mit
NNN K beginnen.
Wir betrachten jetzt die zeitliche Stabilität des kollekti-
ven Krankenstandes aller 512 Mütter. Die beiden Anlaufstage
und der letzte wurden weggelassen. Die 25 verbleibenden
Nicht-Krankenstände lauteten (in %) :

1	73,6	6	73,0	11	76,6	16	75,2	21	74,0
2	72,9	7	75,0	12	77,0	17	75,2	22	77,5
3	76,2	8	74,2	13	77,0	18	78,1	23	78,1
4	75,2	9	72,7	14	75,4	19	76,0	24	78,3
5	73,8	10	75,8	15	72,9	20	77,1	25	78,1

Der Durchschnitt ist $\bar{x}$ = 76,24% , die Standardabweichung
s = 2,3% . Sie liegt weit innerhalb der doppelten (S=95%)
Standardabweichung für eine einfache direkte Zufallsaus-
wahl von n=512 Fällen bei p=0,76 , nämlich 3,8% . Da die
Mütter in keinerlei soziometrischen (siehe 5.1) Beziehung
zueinander standen und der i.te Tag (i=1,2,...25) keinerlei
sozialen Synchronisation unterlag , ist eine solche Zufalls-
mischung und ein entsprechender Fehlerausgleich auch zu
erwarten. Die Reihe läßt lediglich einen leichten Trend von
anfangs etwa 74% zu 78% am Schluß erkennen. Dies ist mög-

licherweise ein Paneleffekt mit der Tendenz :"wer Krankheits-
tagebücher schreibt, wird davon etwas gesunder".
Will man in einer Kausalanalyse etwas über die Ursachen des
Krankenstandes von 24% erfahren, muß man Hypothesen bilden.
Solche von der Form "Armut macht krank" würden dann etwa
durch eine Aufgliederung oder Differenzierung der 24% nach
Familieneinkommen geprüft werden. Statisch ist aber nicht
zu unterscheiden (anhand derselben Daten), ob die Hypothese
gilt oder ihr Gegenteil :"Krankheit macht arm". Daß beides
sich "bedingt", eine "Wechselwirkung" vorliegt - solche
Aussagen kann man allerdings nur im dynamischen Modell überhaupt verstehen. Die Daten müssen dann Veränderungen oder
datierbare Ereignisse enthalten. Das gilt auch für die Stress-
hypothese, die dieser Untersuchung zugrunde lag. Der Stress
muß dann dynamisch operationalisiert werden, was durch die
Einführung der "stressful events" geschah, über die ebenfalls
Tagebuch geführt wurde. Solche Ereignisse konnten Streitig-
keiten, Ärger im Betrieb, Verluste, Unfälle oder ähnliches
sein. Durch zeitliche "Hintereinanderschaltung" von Stress
und Krankheit in der Analyse konnte die Aussage, daß Stress
krank macht, bestätigt werden.
Der Stress läßt sich ebenfalls als Markoff-Prozess deuten.
Den Gesundheits- und Krankheits-Episoden entsprechen dann
die bekannten "Pechsträhnen", die man im Alltag unterstellt.
Wenn "ein Unglück nie allein" kommt, so ist dann sicher nur
zum Teil Perzeption und Definition, zum andern aber Erfahrung
von Fakten, die man aber selbst (nach Szondi unbewußt) mit
herbeiführt. Ähnliche Deutungen gibt es freilich auch für
Krankheitsepisoden, wobei die Ideologien des "mal richtig
auskurieren" oder "mit Kranksein gar nicht erst anfangen"
sicher auch von Persönlichkeits- und Kleingruppenkontext-
variablen zusammenhängen. Um solche Erklärungsschemata geht
es hier nicht, sondern um den bescheideneren Versuch, über
Krankheit und Stress einmal in zeitlichen Folgen nachzuden-
ken. Dem dienen die folgenden empirischen Angaben.

4.2.2. Übergänge, Gleichgewicht und Episodendauer

Bei 25 Übergängen ergeben sich bei der einfachen Schätzung
der Übergangswahrscheinlichkeiten a_{ij} nach dem Prozentuier-
ungsverfahren (wie in 4.1.4. oder (129))auch 25 verschiedene
Schätzungen. Dies sind im Sinne von 4.1.5. Einzelschätzungen,
die das Geschehen von Tag zu Tag isoliert betrachten. Jede
Schätzung würde zu einem etwas verschiedenen Zeitpfad führen.
Wenn man durch ein solches Vorgehen aber praktisch ausdrückt,
daß alle 25 Zeitpfade nichts miteinander zu tun haben, so
hat man auch das Recht verwirkt, aus irgend einem von ihnen
Schlüsse auf die Zukunft, also Zeitpunkte außerhalb der 25
zu ziehen. Das Modell ist dann ein rein chronographisches.
Bei der Simultanschätzung über mehrere Zeitpunkte hinweg
(in (133) für nur zwei Zeitpunkte angegeben) nimmt man dagegen stillschweigend an, daß die etwa 25 Tage alle dasselbe
ausdrücken, wobei nur eine Zufallsstörung absolute numeri-
sche Identitäten verhindert, sei diese nun als Meßfehler
oder Mischung aus exogenen Einflüssen aufgefaßt.
Es sei n_t die Zahl der am Tage t , n_{t-1} die Zahl der am Vortage gesunden Mütter, a_t sei die Übergangswahrscheinlichkeit,
am Tage t noch gesund zu sein, wenn man am Tage t-1 gesund
war. Es gilt also,wenn m_t die Zahl der in t und t-1 Gesunden ist :

$$(156) \qquad a_t = \frac{m_t}{n_{t-1}}$$

Die Simultanschätzung von a ist analog zu (133) :

$$(157) \qquad \bar{a} = \frac{m_1 + m_2 + m_3 + \ \cdots \ + m_{25}}{n_0 + n_1 + n_2 + \ \cdots \ + n_{24}}$$

Je weniger a_t variiert, je näher also r_{mn} bei +1 liegt, desto
näher liegt auch $\bar{a}$ bei der alternativen Schätzung $\bar{\bar{a}}$:

$$(158) \qquad \bar{\bar{a}} = \frac{1}{25} \left(\frac{m_1}{n_0} + \frac{m_2}{n_1} + \ \cdots \ + \frac{m_{25}}{n_{24}} \right)$$

Die Daten sind so stabil, daß wir nach beiden Verfahren
schätzen konnten. b wird genau so geschätzt. Für die Schätzungen schreiben wir jetzt einfach a und b und verwenden
sie wie in (79) und (80), denen die folgenden Zeitpfade

$$(159) \qquad y_t = 0{,}76 + (y_0 - 0{,}76)(0{,}42)^t$$

$$(160) \qquad x_t = 0{,}24 + (x_0 - 0{,}24)(0{,}42)^t$$

entsprechen. Das Gesund-Bleiben von einem Tag zum nächsten
wird durch a=0,86 ausgedrückt, das Gesund-Werden durch ein
b=0,44, das Krank-Bleiben durch 1-b=0,56 und schließlich das
Krank-Werden durch 1-a=0,14 . Dies sind die 4 Übergangswahrscheinlichkeiten wie in (83) für Mütter. Wie kommt man zu
den Anfangswerten y_0 und x_0=1-y_0 ? Entweder , indem man
die 25 Nicht-Krankenstands-Werte von 4.2.1. mittelt. Das ergibt y_0 = 0,76 . Danach ist das System bereits im Gleichgewicht, da dann die zweiten (dynamischen) Summanden in (159)
und (160) verschwinden. Oder, man nimmt einen Einzelwert
aus der empirischen Folge der y_t, etwa y_6 = 0,73 und setzt
diesen für y_0 in (159) ein. Dann ist aber auch t=0 und der
empirische Wert von y_7 = 0,75 wird richtig für t=1 , der
von y_8 = 0,742 für t=2 falsch mit 0,76 vorausgesagt. Dies
ist angesichts des doppelten Stichprobencharakters von y_t
(mit n=512 Personen und T=25 Zeitpunkten) eine zu erwartende
Ungenauigkeit.
Interessanter ist die nicht mehr deskriptive Fragestellung,
ob und nach welcher Zeit das System zum Gleichgewicht zu-
rückkehrt, wenn es einmal-etwa durch eine Epidemie- stark
gestört wird, etwa so, daß y_0 = 0,51 . (159) ergibt dann
die Folge

$$y_1 = 0{,}65$$
$$y_2 = 0{,}72$$
$$y_3 = 0{,}74$$
$$y_4 = 0{,}75$$
$$y_5 = 0{,}76$$

Eine solche Rückkehr nach 5 oder besser 3-5 Tagen setzt
voraus, daß die Epidemie - oder was immer die Massenerkrank-
ung verursacht hat - nur die y_t , aber nicht die a und b
affiziert. Sonst ist eben die Prozessstruktur selbst gestört
und außer Kraft gesetzt. An ihre Stelle tritt dann eine
andere mit anderen a und b, die möglicherweise selber zeit-

lich veränderlich sind und einem stochastischen Prozess
folgen, der nach einer Weile zu den ursprünglichen a und b
und über diese zu dem alten Gleichgewicht führen. Dieser in
der Biologie als Ultrastabilität bekannte Mechanismus ließe
sich in der angegebenen Meta-Markoff-Form fassen. Solche
Modelle wären allein für die theoretische Klärung dessen,
was man unter "Systemstabilisierung", "Revolutionierung"
und "Grenzerhaltung" eigentlich verstehen will, schon eine
entscheidende Hilfe, erst recht, wenn sich die Theorie auf
irgend etwas Faktisches beziehen soll.
Für Ursachen und Folgen von Krankheit und Gesundheit ist
die Länge ihrer Episoden nicht unerheblich. Diese kann man
aus den a_{ii} eines Markoff-Prozesses unmittelbar bestimmen.
Im Beispiel ist $a_{11} = a = 0,86$, $a_{22} = 1-b = 0,56$. Die W.,
nach einem Krankheitstag von der Länge 1 noch einen krank
zu sein , ist a_{22} , die Wahrscheinlichkeit (W.) , einen
dritten krank zu sein, ist a_{22}^2 und so weiter. Man gewichte
also die jeweilige Länge 1 der aufeinander folgenden Kranken-
tage mit den Potenzen von a_{22} und erhält so den Erwartungswert oder Durchschnitt der Episodenlänge :

$$(161) \qquad L_i = 1 + a_{ii} + a_{ii}^2 + \ldots = \frac{1}{1 - a_{ii}}$$

Dies gilt für jeden Zustand $i = 1,2,\ldots n$ des Markoff-Pro-
zesses. Seine Dauer ist also nur abhängig von der reflexiven
Übergangswahrscheinlichkeit eines Zustands zu sich selbst.
Im Beispiel erhalten wir für die zu erwartende Dauer der
Gesundheitsepisode $L_1 = (1-0,86)^{-1} = 7,1$ Tage und für die
Länge einer Krankheitsepisode $L_2 = (1-0,56)^{-1} = 2,3$ Tage ,
worauf eingangs (in 4.2.1.) schon hingewiesen wurde. Daraus
erhält man als Zahl der Krankheitstage innerhalb von 28
Tagen $m_2 = 28 \cdot L_2 (L_1 + L_2)^{-1}$ oder allgemein in T Tagen :

$$(162) \qquad m_i = T \cdot L_i (L_1 + L_2 + \ldots + L_n)^{-1} \qquad (i=1,2,\ldots n)$$

Es sei noch erwähnt, daß ein Kind in Rochester nur 2,5 Tage
hintereinander und 4,7 Tage in 4 Wochen krank ist.

4.2.3. <u>Probleme der erweiterten Analyse</u>

Die Deutung oder Beschreibung von Daten als stochastische
Prozesse mag als theoriegesteuerte Forschung gelten oder
nicht. Kausalerklärungen müssen aber auf jeden Fall Beziehungen zwischen mehreren Variablen modellieren. Bei unserem
Beispiel geht es um die Stress-Hypothese : Stress-Ereignisse
machen krank. Wann ? Nach einem Tag oder zweien ? Oder am
selben ? Wenn am 1.Tag Stress auftritt, am zweiten Stress
und Krankheit, hat dann der Stress nach einem oder am selben
Tag gewirkt ? Da diese Frage nur statistisch, nicht historisch gestellt werden kann, müssen wir 4 Zustände unter -
scheiden :

A	Kein Stress	Nicht krank
B	Kein Stress	krank
C	Stress	Nicht krank
D	Stress	krank

Die Übergangswahrscheinlichkeiten enthält folgendes Bild :

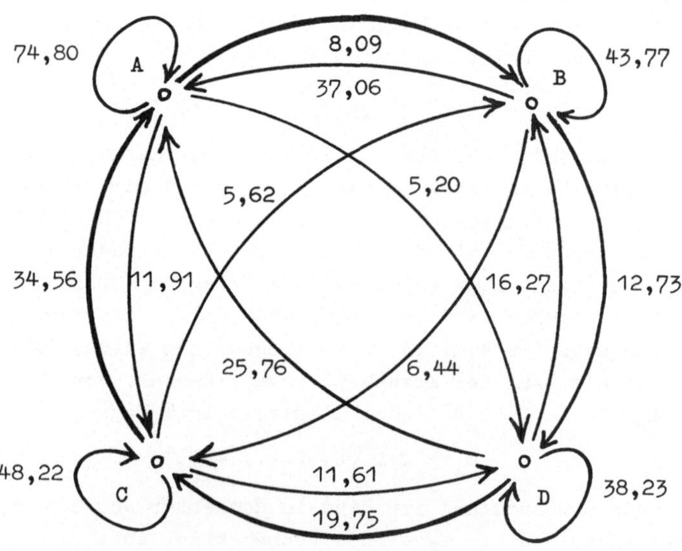

Die Übergangswahrscheinlichkeiten sind als Prozentwerte ausgedrückt. Da der Übergang C-D wahrscheinlicher ist als der
Übergang A-B , aber auch der A-D , spricht einiges für die
Hypothese. Die 16 Werte wurden gemäß (157) geschätzt, und
zwar auf der Basis von insgesamt 13 824 individuellen Übergängen (27·512). Die Zustandswahrscheinlichkeiten im Gleichgewicht z_e sowie die zugehörigen Episoden-Längen (in Tagen),
die sich nach (161) errechnen, sind :

Zustand	z_e	L_i (161)	m_i (162)
A	56,1	3,96	12,0
B	13,4	1,78	5,4
C	19,2	1,94	5,8
D	11,3	1,62	4,8
	100,0	9,30	28,0

Die statische Analyse müßte feststellen, daß Stress stärker
mit Gesundheit einhergeht (C) als mit Krankheit (D) . Krankheit ohne Stress (B) ist seltener und kürzer als mit Stress
(C). Dies spricht gegen die statisch formulierte Stress-
Hypothese. Ein _statischer Fehlschluß_ wäre es, wenn man daraus schlösse, daß Stress keine verlängernde oder auslösende
Bedeutung für Krankheits-Ereignisse habe. Der Übergang von
D zu A ist zögernder als jeder andere Übergang zu A .
Was die viel besprochene Interdependenz, Reflexivität oder
auch Frage nach der Kausalrichtung betrifft, so kann man
aus dem Bild der a_{ij} unmittelbar ablesen, daß Krankheit mehr
Stress-Ereignisse (am nächsten Tage) im Gefolge hat(B-D)
als umgekehrt (C-D) . Daraus kann man die Vermutung ableiten,
daß die Mitteilung im Tagebuch über Stress-Ereignisse von
der kranken Mutter mit beeinflußt wird .
Um solchen und anderen Hypothesen nachzugehen, müßte das
geschlossene Modell des Markoff-Prozesses nicht nur um zusätzliche Zustände erweitert, sondern geöffnet werden. Das
heißt, daß ein zeitlicher exogener (zu dem kein Pfeil aus
dem System zurückführt) input einzuführen ist, so daß das

System eine Außenverankerung erfährt. Die saisonalen Fluktu-
ationen des Krankenstandes würden etwa dadurch einbezogen,
daß die a_{ij} selber zyklische Zeitfunktionen werden. Der Ein-
fluß wachsender Luftvergiftung kann natürlich über spezi-
fische Diagnosen und ihren interregionalen Vergleich ein-
gegrenzt werden. Für den internen stochastischen Prozess des
Krankwerdens und Reagierens auf sekular wachsende Noxen ist
aber das Problem dynamisch zu fassen. Auch bei dem Konstrukt
der "Hypochondrie" geht es um einen Regelkreis, an dem Um-
welt und Innenwelt beide beteiligt sind.
Die sozio-strukturellen Bedingheiten des Krankseins stoßen
vor dem Eindringen in dynamische Modelle auf die Barrieren
der Schätzprobleme, die davon herrühren, daß Strukturen
statischen Langzeitcharakter haben. Kombinationen von regionalen (international vergleichender) und zeitlichen Variationen sei es im Experiment, in den historischen Daten oder
in der Simulation führen immer wieder zu Verwechslungen von
Realisationstypen, wie wir sie in 4.1.5. angedeutet haben.
Um zum Beispiel schichtenspezifische Faktoren des Krankseins
zu untersuchen, muß Schichtung dynamisch definiert werden,
also durch Ereignistypen und Prozesse, etwa Auf- und Abstieg
der Mitglieder verschiedener Schichten, die Intensität der
Beschäftigung mit Schichtenwechsel und seiner Vorbereitung,
die Fluktuation dieser Intensität und ihre Bestimmungsgrö-
ßen. Wir werden auf einige Fragen der Mobilitätsforschung
im nächsten Abschnitt eingehen.
Rein soziometrisch gesehen wird das Niveau und die Inzidenz
des Krankseins durch Arzt- und Bekanntenkontakte erheblich
mitgesteuert. Auch darum ging es in der Studie von Rochester.
Insbesondere stößt die Inanspruchnahme des Arztes auf strategische Reaktionen seitens des Angebots medizinischer
Leistungen. Auch hierin ist der Bereich "Krankheit" typisch
für andere Bereiche der empirischen Sozialforschung, die
deshalb beschleunigt Gebrauch von den Mitteln der dynamischen
Entscheidungstheorie machen sollte.

5. Generationenfolgen, Mobilität und Mikro-Makro-Wandel

Es ist eine interessante methodologische Frage, ob man angesichts der viel beklagten Tatsache, daß es keine Theorie der sozialen Mobilität gibt, überhaupt abschätzen kann, was eine solche Theorie leisten würde, wenn es sie gäbe. Würde sie eine Brücke zwischen der Makro-Perspektive des sozialen Wandels und den Mikro-Analyse-Bereichen der Familie, der Kleingruppenforschung und der Sozialisation bilden oder wenigstens vorbereiten helfen ? Würde sie zu einer Überwucherung der "reinen" Soziologie mit ökonomischen und bevölkerungsstatistischen Kategorien, Daten und Modellen führen ? Könnte die durch sie erkennbar werdende Dynamisierung des Struktur-Funktionalismus diesen für neuere politologische Fragestellungen öffnen, so daß die Soziologie nicht mehr - im naiven Rechts-Links-Raster befangen - kopfschüttelnd und ratlos an den Zeitproblemen vorbeilebt ?
Von den Gefahren und Verheißungen einer Theorie der Mobilität einmal abgesehen, könnte es auch sein , daß die denktechnischen Schwierigkeiten ihre Entstehung behindern. Der Sinn dieses Kapitels ist es, diese Probleme ausgehend von soziometrischen und stochastischen Modellen etwas näher zu kennzeichnen . Der oft gehörten Proklamation, die Theorie habe der Herr und das Modell der Knecht zu sein, begegnen wir mit der zusätzlichen Blasphemie, daß die Theoriebildung vielleicht heuristisch erfolgreicher ist, wenn sie Datenlage und Forschungstechnik im Auge behält.

5.1. Dynamisierung soziometrischer Strukturen

Die Soziometrie hat nach ihrem frühen Aufschwung bald eine Stagnation erfahren, was ihre methodische Weiterentwicklung angeht. Als Technik der Analyse von Sozialbeziehungen in kleinen Gruppen, in der Elite- und Gemeindesoziologie und auf vielen anderen Gebieten lebt sie aber als "nützliches Glied" der empirischen Soziologie fort. Im Abschnitt 4.1. (Kinderspielplatz-Beispiel) haben wir den Prozess des Wechselverhaltens einer künstlich geschlossenen Kleingruppe völlig unrealistisch ohne Berücksichtigung der Interaktionen zwischen den Mitgliedern betrachtet. Die Realisierung der Optionen wurde als Zufallsmechanismus frei und voneinander isoliert operierender Akteure unterstellt. Sowie man die **Knappheit** der Gelegenheiten und ein gewisses Lernverhalten zuläßt, reicht die reine Berechnung der Übergangswahrscheinlikeiten zum Verständnis des Vorgangs nicht mehr aus. Konkurrenz um knappe Optionen und Orientierung der Kinder aneinander, Zwang zur Kooperation aus technischen Gründen (zum Wippen gehören zwei!) und inhaltliche Unstrukturiertheit der Tätigkeit (Sandkasten) legen eine Interaktionsanalyse nahe. Diese mit dem dynamischen Ansatz der Markoff-Ketten-Vorstellung zu verbinden hieße aber in unserem Beispiel eine Interaktionsanalyse Minute für Minute durchzuführen. Schon die Datenerhebung wäre sehr aufwendig und könnte nur mit der Kamera bewältigt werden. Die größeren Probleme beginnen erst dann, wenn man ein Analyseverfahren braucht. Wir gehen zunächst von der Soziometrie aus.

5.1.1. Soziomatrizen als statische Zustandsbilder

Eine Soziomatrix ordnet im einfachsten Falle alle Paare i und j von n Personen einander zu, und zwar ist m_{ij} , ihr allgemeines Element, +1 , wenn zwischen i und j eine positive Beziehung besteht, sonst O . Hierbei wird die Richtung der Beziehung noch vernachlässigt, so daß M = M', also symmetrisch ist, was auch durch m_{ij} = m_{ji} bezeichnet wird. Diese Beschränkung wird aufgehoben, wenn wir mit "m_{ij} = 1" nur meinen, daß Person i die Person j wählt, vorzieht oder liebt, aber nicht notwendig umgekehrt. Die vertikalen Summen der Spalten der so definierten Matrix drücken die Beliebtheit b_j der Person j aus, wobei b_j alle ganzzahligen Werte von 1 bis n-1 annehmen kann, wenn jeder genau eine Wahl hat. Wenn jeder 2 Wahlen hat und n=5 Personen in der Gruppe sind, so wird jeder im Schnitt zweimal gewählt und

maximal viermal. Jeder hat also eine Chance von $p=2/4=0,5$,
zweimal gewählt zu werden. Würde die Struktur der Gruppe
durch den Zufall bestimmt, so müßte die Wahrscheinlichkeit
(W.), daß auf eine beliebige Person j genau b_j = k Wahlen
entfallen, nach der Binomialverteilung

$$B_k = \binom{4}{k} \cdot 2^{-4} \qquad (k=0,1,2,3,4)$$

sein. In Wirklichkeit wird die Verteilung meist ganz anders
aussehen, da einer oder wenige ein Übermaß an Beliebtheit
und andere gar keine haben werden, wie sich aus Erfahrung
und empirischen Studien ergibt. Wenn etwa realistischerweise
auf je einen 4,3,2,eine und gar keine Wahl fällt, sieht der
Vergleich der zufälligen und der effektiven Verteilung so
aus :

k	B_k	emp.
0	0,0625	0,2
1	0,2500	0,2
2	0,3750	0,2
3	0,25oo	0,2
4	0,0625	0,2
	1,0000	1,0

Diese Abweichung von B_k - auch als"psychodynamischer Ef-
fekt" bezeichnet - ist das eigentlich erklärungsbedürftige
Phänomen. Diese Ungleichheit der Sympathie-Verteilung kann
man aber nur dynamisch im Sinne einer Prozeßanalyse erklären.
Für den elementaren Fall dyadischer Attraktionsprozesse hat
Wienold 1972 (S.104-112) etwa 250 empirische Arbeiten theoretisch ausgebeutet und in einem dynamischen Lernmodell
die strategischen und stochastischen Elemente eines allgemeinen Erklärungsansatzes kombiniert. Eine Erweiterung auf
n Personen steht noch aus, würde aber eine sinnvolle dynamische verallgemeinerte Rekonstruktion des soziometrischen
Ansatzes bedeuten.   Man würde sich auch nicht mehr mit der
Feststellung existierender Cliquen aufgrund als statisch
gedachter soziometrischer Beziehungen begnügen, sondern nach
den sozialen Bedingungen der Cliquenbildung fragen.
Die räumlich-organisatorische Abgeschlossenheit von Schulklassen und ähnlichen sozialen Gebilden läßt zwar den viel-

fachen Gebrauch des Soziogramms plausibel erscheinen . Für
die größeren Mobilitäten und Außenbeziehungen ausgesetzten
Intrigenstrukturen in Organisationen und zwischen ihnen
(ein sehr plastisches soziometrisches Beobachtungsbeispiel
findet der Leser bei Friedrichs und Lüdtke 1971,S.119) sind
aber soziodynamische Prozesse und nicht irgend ein Endgleich-
gewicht relevante Forschungsobjekte.

5.1.2. <u>Mobilität und Veränderung soziometrischer Gebilde</u>

Ein Versuch, von dem Mikro-Ansatz der Soziometrie zu Makro-
analysen vorzudringen, beruht auf den gewachsenen Möglichkeiten seitens der Datenverarbeitung, Soziomatrizen sehr
großen Umfangs manipulieren zu können (Kadushin 1968 ist
nur ein Anfang dieses Forschers auf diesem Wege) und dadurch
wenigstens die Beziehungen zwischen Eliten auch sehr großer
Gesellschaften zu erfassen. Eine solche mechanische und
selektive"Aggregation" von Primärbeziehungen ist aber in
sich schon problematisch und vernachlässigt den dynamischen
Aspekt auf einem Gebiet , wo er noch viel entscheidender ist
als bei Schulklassen.
Die mobile Praxis des Individuums bedeutet - horizontal oder
vertikal - das Verlassen von Primärgruppen und seine "Reso-
zialisation" in neuen . Was geschieht mit der Gruppe, die
"alte" Mitglieder durch Umzug oder Arbeitsplatzwechsel oder
sonstige Bewegungen verliert ? Wie wirkt Aufstieg innerhalb derselben Organisation im Vergleich zum völligen Verschwinden eines oder mehrerer Mitglieder auf die "Hinter-
bliebenen" ? Welche soziodynamischen Bedingungen fördern
oder hindern die Bereitschaft zur Mobilität ganz bestimmter
Einzelner ? Ist ihre soziometrische Position einflußreicher
als ihre Karriere-Geschichte innerhalb und außerhalb der
momentanen Organisation ?
Es ist leichter, solche Fragen zu häufen, als aus der Literatur systematische Methoden zur Soziometrie der Mobilität
zu erfahren. Der Übergang zur Makrodynamik gesellschaft-

lichen Wandels hat es aber mit der langfristigen Umverteilung
von Lebenslagen zu tun . Daher dürften solche Methoden sicher
wichtige Denkanstösse für die Theorie der Modernisierung
geben. Wichtiger aber ist der dadurch gestiftete Konnex von
Mikro- zu Makro-Ansätzen der Forschung und die Einsicht, daß
diese innerlich mit dem Übergang von mikro- zu makrochroni-
scher Analyse einhergeht, also von Wochen und Monaten in der
Gruppendynamik innerhalb von Organisationen schließlich zu
Generationen beim Wechsel von ganzen Lebensstilen .

5.2.   Kohorten und Generationen

Die Kohorte wird gemäß der Bevölkerungslehre als ein Jahr-
gang definiert, allgemeiner als Bevölkerungsanteile, die im
gleichen (kalendarischen) Jahr in die Schule gekommen sind,
in den Krieg zogen, in den Beruf eintraten und so weiter.
Eine Generation stellt eine Bündelung zeitlich aneinander
grenzender nach irgend einem(oder mehreren)forschungsrele-
vanten Merkmal ähnlicher Kohorten dar. Die große Bedeutung
von Kohortenanalyse und Generationsdynamik ist für die Sozialwissenschaft neuerdings wieder erkannt worden (siehe dazu
vor allem Norman B.Ryder 1965, Buchhofer,Friedrichs und
Lüdtke 1970 und Moller 1968).
Immer, wenn in soziologischen Untersuchungen das Alter der
Individuen als Variable auftritt, handelt es sich um einen
Kohortenvergleich. Bei der normalen einmaligen Stichprobe
wird etwa die Zielgröße "Einstellung zum kirchlichen Dogma"
auf einer Skala differentiell nach verschiedenen Alters-
gruppen gemessen. Eine Deutung derart, eine Korrelation
zwischen den Skalenwerten und dem Alter messe die Alters-
spezifität der betreffenden Einstellung, kann fehlgehen, da
sie nicht den historischen Wandel berücksichtigt. Es kann
nämlich sein, daß etwa in den letzten 40 Jahren sich Einstellungen unabhängig vom Alter verändert haben, so daß die
scheinbar stärkere Gläubigkeit älterer Zeitgenossen zum Teil
oder ganz für diese Kohorte schon in ihrer Jugend typisch

war. Das kann man aber nur durch Inter-Kohortenvergleich
feststellen . Es sei x_{tg} der durchschnittliche Skalenwert
der Geburtenkohorte des Jahrgangs t (t=0 sei 1900, t=1 sei
1901,...t=84 sei 1984), g das Alter dieser Kohorte im Er-
hebungs- oder Analysejahr T , so daß für alle t und g gilt :

$$(163) \qquad\qquad T = g + t$$

Um also die Gläubigkeit eines 1931 Geborenen in dessen 29.
Lebensjahr festzustellen, muß man die Skala im Jahre 1960
an ihn anlegen, was die Beschränkung der empirischen Sozialforschung auf zufällig Lebendige mit perfekt gutem Willen
und Gedächtnis klar macht, ein Problem , daß mancher Historiker durch ex-post-Psychologisierung löst.
Verfolgt man die Entwicklung einer Kohorte längs der Zeit,
also innerhalb einer Zeile mit dem Index t der Matrix
$X = (x_{tg})$ über alle g=1,2,...T , so betreibt man Intra-Ko-
horten-Analyse . Tagebuchaufzeichnungen von Klassentreffen
oder - jeweils live ! - Beobachtungen der jährlich wiederkehrenden Versammlungen der Landesgruppe eines Garderegiments
liefern Daten für Varianten einer solchen Analyse.
Hält man ein g fest, also eine Spalte in X , so betreibt man
Inter-Kohorten-Analyse mit veränderlichem T oder Beobacht-
ungszeitpunkt, zum Beispiel den Vergleich aller Abiturienten-
jahrgänge von 1933 - 1957 . Die Unterschiede der x_{tg} können
hier nicht - bis auf geringe kriegsbedingte Schwankungen -
auf das Alter zurückgeführt werden, sondern müssen mit der
religiösen Durchschlagskraft Hitlers auf das innerste Gemüt
der Befragten zusammenhängen. Da man mit langfristigen Er-
innerungsfragen - zum Beispiel nach der Wahlentscheidung
im März 1933 - sehr skurrile Erfahrungen gemacht hat, bleibt
dem Interviewer hier nichts anderes übrig als mit der Zeit-
maschine von Wells bei jedem in die Stichprobe gefallenen
Abiturienten zeitlich "vor Ort" zu gehen (hoffentlich versteht er überhaupt einen Fragebogen aus dem Jahre 1973!).
Die Praxis der Umfrageforschung und damit weitgehend der
empirischen Sozialforschung hat es hinsichtlich des Alters

und seiner analysefunktionalen Äquivalente mit der <u>Inter-
kohorten-Analyse</u> mit <u>festem T</u> zu tun, wobei das feste T das
"gegenwärtige" Jahr ist, das einzige, an das man mit "Beobachtung und Experiment" heran kann. Die Gegenwart hat die
für den Forscher mißliche Angewohnheit, alle Kohorten aus
den verschiedensten historischen Wechsellagen und Verwerfun-
gen in den einen Topf der Präsens oder unmittelbaren Zugäng-
lichkeit zu werfen und "chronische" Fehlschlüsse zu induzie-
ren, wo Zeitbedingtheit und Altersbedingtheit konfundiert
werden. Man könnte vermuten, daß das survey research seine
Karriere im **XX.**Jahrhundert dessen Gegenwartsfixiertheit mit
verdankt, weil bei ihm auch die Erhebungsprobleme im Vergleich
zu den beiden anderen Formen der Kohortenanalyse am gering-
sten sind, die der Geschichte und damit dem XIX.Jahrhundert
gemäßer sind. Diese Fixiertheit auf einen bestimmten Datentyp verhindert aber gerade die Entwicklung solcher Analyseformen, die makrosoziologisch für die Bewältigung von Prog-
nose- und Planungsaufgaben lebenswichtig sind.
Bei der Interkohorten-Analyse mit festem T stehen die Daten
der Gegenwart in der Nebendiagonalen der Matrix X , so daß
keine zwei oder mehr Elemente ein t oder ein g gemeinsam
haben. Dynamisch gesehen liefert die Interviewtechnik also
bei einmaliger Stichprobe überhaupt keine zeitlich ver-
gleichbare Information. Dies bessert sich aber bereits,
wenn man zwei Stichproben aus zwei verschiedenen Jahren
(und zwar noch kein Panel) hat. Damit wird die Kritik am
survey research drastisch auf Primäranalysen beschränkt.
Denn mit den Mitteln der <u>Sekundäranalyse</u> kann man Interko-
horten-Analysen mit veränderlichem Erhebungszeitpunkt auch
bei Nicht-Panel-Daten dann durchführen, wenn die Stichproben für Altersaufgliederungen hinreichend groß und die
Fragebögen oder die Fragen einigermaßen gleich sind. Eine
solche Gelegenheit bieten die 1954,1956,1958,1960 und von
da ab jährlich erscheinenden Datensätze der Arbeitsgemein-
schaft Leseranalyse (jetzt Medienanalyse), die mit Stichproben von über 10 000 Fällen und Daten über Massenmedien,

Konsumgewohnheiten und demographischen Indikatoren geradezu
einlädt (teilweise verfügbar beim Zentralarchiv für empirische Sozialforschung der Universität zu Köln).
Die Analyse solcher Matrizen wie X bietet - worauf schon an
anderer Stelle hingewiesen wurde - denktechnische Schwierigkeiten. Um einen anschaulichen Begriff davon zu erhalten,
versuche der Leser, folgende Aufgabe a) verbal, b) mittels
graphischer oder mathematischer Hilfsmittel zu lösen: Vater
und Mutter sind zusammen 98 Jahre alt. Der Vater ist jetzt
doppelt so alt wie die Mutter war, als er so alt war wie
die Mutter jetzt ist. Wie alt ist sie?

5.2.1. Intergenerationelle Mobilität

Genau so wenig wie er seine Kohorte kann ein Mensch seine
Generation verlassen. Nimmt man die Bezeichnungen wörtlich,
so ist Träger der intra-generationellen Mobilität zwar das
Individuum, Träger der intergenerationellen Mobilität aber
kann nur die Dyade Vater-Sohn oder eine ganze Kette von
Generationen sein. Je nach dem Grad der Feingliederung der
Berufskategorien ist die Wahrscheinlichkeit für den Sohn,
einen anderen Erstberuf als sein Vater zu ergreifen, groß
oder klein. Aggregierte Mobilitätsziffern sind insofern
immer auch Artefakte. International vergleichende Daten
liegen zwar vor, man muß sie aber mit erheblicher Skepsis
betrachten (Bolte 1969 gibt einen Überblick über Forschungs-
ergebnisse und die Diskussion zur vertikalen Mobilität).

Mobilitätstafeln zur intergenerationellen Mobilität sind
quadratische Matrizen, die Durchschnitte von Inter-Kohorten-
Vergleichen zwischen zwei Zeitpunkten (Vater früher gegen
Sohn jetzt) enthalten, die eine Generation auseinander
liegen. Die Positionen, zwischen denen die Bewegung stattfindet, können Ausbildungsstufen, Berufe, Einkommensklassen
oder andere Kategorien sein. Wir skizzieren einen Ansatz
zur modellmäßigen Behandlung, der auch auf andere Arten von
Mobilität übertragbar ist.

Wir betrachten zunächst nur eine einzige Position. Zum Zeitpunkt t treten e_t Personen in sie ein und v_t verlassen sie. B_t ist der Bestand derer, die sich in t darin befinden.Dann ist folgender Zusammenhang mitdefiniert :

$$(164) \qquad B_t = e_t - v_t + B_{t-1}$$

Diese Differenzengleichung gibt kein geschlossenes System wieder, da e_t und v_t weder aneinander noch an B_t gekoppelt sind, sondern auch freie Zufallsgrößen sein können, die von außen auf B_t einwirken. Diese Freiheit kann dadurch beschränkt sein, daß alle Eintretenden nach einer fest vorgegebenen Zeit (lag) die Position wieder verlassen müssen (beschränkte Studiendauer, automatische Beförderung, befristete Aufenthaltsgenehmigung), wobei noch eine bestimmte zeitliche Verteilung vorgegeben sei, wonach ein Bruchteil von a_1 nach einer, a_2 nach zwei und a_3 nach drei Zeiteinheiten die Position wieder verläßt, also :

$$(165) \qquad v_t = a_3 e_{t-3} + a_2 e_{t-2} + a_1 e_{t-1}$$

Wenn nach drei Zeiteinheiten alle Hinzugekommenen die Position wieder verlassen haben, ist $a_1 + a_2 + a_3 = 1$. Wir setzen v_t aus (165) in (164) ein :

$$(166) \qquad B_t = B_{t-1} + e_t - a_3 e_{t-3} - a_2 e_{t-2} - a_1 e_{t-1}$$

Beim Ansatz einer iterativen Lösung treten Summen von e_t und a_i auf, die wir nach der Zahl der Summanden so abkürzen:

$$k_t = e_1 + e_2 + \ldots + e_t$$

$$m_s = a_1 + a_2 + \ldots + a_s$$

Es ist also $m_1 = a_1$, $m_2 = a_1 + a_2$ und so weiter. Dann ist die Lösung von (166) :

$$(167) \qquad B_t = B_o + k_t - k_{t-3} - m_1 e_{t-1} - m_2 e_{t-2}$$

Läßt man den Abstrom aus der Position sich statt wie in (165) in drei in T Zeiteinheiten vollziehen, so verallgemeinert sich (167) zu :

(168)
$$B_t = B_o + k_t - k_{t-T} - m_1 e_{t-1} - m_2 e_{t-2} \cdots - m_{T-1} e_{t-T+1}$$

Nur, wenn man den exogenen input e_t für alle t kennt, kann man nach (168) eine Voraussage über den zukünftigen Bestand B_t machen.

Ein Spezialfall ist der, daß e_t = constans = e . Dann vereinfacht sich (168) zu :

(169)
$$B_t = B_o + e \cdot (a_1 + 2a_2 + 3a_3 + \ldots + Ta_T)$$

Zur Veranschaulichung stellen wir uns vor, a_s sei der Anteil der an einer Fakultät Immatrikulierten, der nach s Studienjahren so oder so ausscheidet, e sei die Zahl der dort pro Studienjahr neu Immatrikulierten. Es sei $s \cdot 10^{-1} = a_s$, so daß T=4 , da 0,1+0,2+0,3+0,4 = 1,0. Wie groß muß die Kapazität der Fakultät, gemessen an B_o und e, dann mindestens sein ? Die Antwort ergibt sich unmittelbar aus (169).

Wie ändert sich die Lösung, wenn alle erst nach 4 Jahren ausscheiden, also $a_1 = a_2 = a_3 = 0$ ist ?

Betrachten wir statt einer nunmehr drei Positionen P_i mit i=1,2,3 . Für (164) erhalten wir dann drei Gleichungen :

(170)
$$B_{it} = B_{it-1} + e_{it} - v_{it} \qquad (i=1,2,3)$$

Der output der Position P_i sei gleich dem input von P_{i+1} , es handele sich also um ein reines Aufstiegssystem, in dem sozialer Abstieg nicht vorkommt :

(171)
$$e_{it} = v_{i-1,t} \qquad (i=2,3)$$

Wenn P_3 die höchste Position ist, gilt natürlich $v_{3t} = 0$ und (170) modifiziert sich wegen (171) wie folgt :

(172)
$$B_{it} = B_{it-1} + e_{it} - e_{i+1,t} \qquad (e_{4t} = v_{3t} = 0)$$

Wir denken uns jetzt (170) und (171) bis zu i=K Positionen erweitert, so daß für (172) $e_{K+1,t}$ gilt und analog zu (165) folgende Verallgemeinerung eintritt :

(173)
$$e_{i+1,t} = a_{i1} e_{i,t-1} + a_{i2} e_{i,t-2} + \ldots + a_{iT} e_{i,t-T}$$

Dies ist eine Differenzen-Gleichung in zwei Dimensionen ,
nämlich i und t . Die a_{ig} (g=1,2,...T) können als Übergangswahrscheinlichkeit von Position i zu i+1 im "Karriere-" oder
"Dienstalter" g aufgefaßt werden. Man kann mit $e_{2,T+1}$ beginnen und nach (173) iterativ über i und t alle Austritts-
größen e auf die anfänglichen Eintrittswerte e_{1t} (t=1 bis T)
und die konstanten a_{ig} zurückführen, wobei die bisherige
Setzung $e_{K+1,t}$ = 0 natürlich aufgehoben werden muß, da sie
so etwas wie ewiges Leben in der höchsten Position der Organisation oder der Gesellschaft bedeuten würde.
Da t die chronologische oder gesellschaftlich-historische
Zeit ist, kann man dann formal langfristige Prognosen für
den Bestand B_{it} der Sektoren , Berufsgruppierungen oder
Karrierestufen machen. Abgesehen davon, daß die langfristige
Konstanz der Aufstiegswahrscheinlichkeiten a_{ig} mehr als
zweifelhaft ist, kann man doch theoretische Überlegungen
zur Frage der quantitativen Erschöpfung der unteren sozialen Schichten und die Überbesetzung der obersten Stufe an-
stellen. Ohne einen intergenerationellen Abstieg, also
Einfügung von $e_{i+2,t-g}$ und entsprechender von 0 verschiedener Koeffizienten auf der rechten Seite von (173) , ohne
die Zulassung irgendeiner Art von Elitenzirkulation oder
einer erheblichen Einschränkung der Aufstiegchancen kommt
man mit jedem Modell in Schwierigkeiten.

5.2.2. <u>Mehrebenen-Aspekte der Mobilität</u>

Die angedeuteten Modell-Vorstellungen sind natürlich weit
davon entfernt, die sich theoretisch aufdrängenden Zusammenhänge von Familien-,Jugend- und Alters-, Berufs- , Wirt-
schafts- und einiger anderer Soziologien integrieren zu
können. Auch die sehr viel weiter ausgeführten speziellen
Modelle von Bartholomew (1970) konzentrieren sich weniger
auf hinter den Bindestrich-Soziologien stehenden Fragen
der allgemeinen Soziologie, sondern stärker auf Organisationen. Aber auch in dieser Form ist dieses Werk als weiterführende Lektüre dringend zu empfehlen.

Mit dem am Ende des vorigen Abschnitts angesprochenen Problem des Egalitarismus befinden wir uns im makrosoziologischen Bereich. Während die Konsumintensität überall fortschreitet und wächst, tut sie dies überproportional in den Industrienationen, in denen gleichzeitig der Versuch sichtbar wird, durch Bildungsreformen Begabungsreserven für die Wirtschaftsgesellschaft zu erschließen, indem man vorgeblich die Startchancengleichheit erhöht. Aber was heißt Chance , wenn die Zielplätze schon besetzt sind ? Ein freies Fluktuieren zwischen überbesetzten Positionen ist zwar praktizierte Mobilität, führt aber aus einsichtigen Gründen nicht automatisch zu einem größeren Anteil an Aufsteigern. Der Staat bildet zwar mehr aus, schafft aber keine zusätzlichen, diesen besser Ausgebildeten gerecht werdenden Arbeitsplätze, sondern überläßt dies dem"Leben". Eine kohortenanalytische Durchleuchtung der Berufs- und Bewerbungswirklichkeit für Personen verschiedener Vorbildung würde zwar das politische Problem nicht lösen, aber sicher deutlicher machen. Andererseits gibt es Probleme der Mentalität und der individuellen , aber schichten- und gruppenabhängigen Motivation zum beruflichen Aufstieg. Je länger jemand in einer Lage verharrt oder verharren mußte, desto geringer kann die Wahrscheinlichkeit im Laufe der Zeit werden, daß er etwas tut, um diese Lage oder Position zu verlassen. Andererseits gibt es Prozesse wachsender Ungeduld oder des normalen Sterbens, wo es von einem bestimmten Zeitpunkt an immer unwahrscheinlicher wird, daß jemand in dem Zustand bleibt, in dem er sich so lange befunden hat. Diese Aspekte der Mobilität werden neuerdings mittels Semi-Markoff-Prozessen analysiert, in denen die Wechselwahrscheinlichkeit als von der Verweildauer abhängig in Ansatz gebracht wird (Ginsberg 1971). Das Interesse konzentriert sich hier auf die Übergänge selbst, und es wäre ein erheblicher Fortschritt, wenn die inneren und kontextuellen Bedingungen als Variable nicht nur die Übergangswahrscheinlichkeiten, sondern auch

die Zeit bis zum Übergang im Modell erklären könnten. Es
könnte sehr wohl sein, daß die Besetzung B_{it} eines Zustands
i eine Rückwirkung auf den Zustrom zu ihm hat und über
mehrere Zwischenstadien den Bildungswillen schichtendiffer-
entiell drosselt. Die Wirkungszeit eines solchen Mechanismus
kann lang sein, wird aber bei wachsender Transparenz ver-
kürzt, was angesichts der gut eingespielten Selbstrekrutie-
rungspraxis der Oberschichten nicht unbedingt zur größeren
Zufriedenheit der bildungsunwillig Gewordenen mit der Ar-
beitsmarktwirklichkeit und ihrem Hintergrund führen muß.
Praktizierte Mobilität - vertikal oder horizontal - heißt
Kontext-Wechsel. Für den Einzelnen kann dies mit dramatischen
Identitätskrisen verbunden sein. Bei kollektiver horizon-
taler Bewegung (Massenemigration,Vertreibung,Flucht) wird
dies oft durch sich spontan einstellende Solidaritätserleb-
nisse verhindert oder gemildert. Eins der Hauptprobleme der
empirischen Mehrebenen-Analyse, nämlich, daß der Kontext
an ein und demselben Individuum nicht variierbar ist, läßt
sich nur dynamisch lösen, indem das Individuum den Kontext
wechselt. Eine relationale Analyse von Kleingruppen über
die Zeit bietet sich nur bei bestimmten Organisationstypen
an. Die Konzentration der Kontext-Forschung auf Mobilität
ist nicht so restriktiv wie es scheint, wenn man nicht auf
das Interview fixiert ist, sondern andere Datenerhebungen
in Erwägung zieht, vor allem die biographische Methode (siehe
J.Szcepański 1967,S.565).

3.3.5. Modell der Bildungsreform und Lehrberufe

Die Länge der Totzeiten (lags) kann beim input-output-Verkehr zwischen Ausbildungsorganisationen sehr groß sein und auch stark schwanken. Wir zeigen an einem Beispiel, wie miteinander verflochtene Institutionen über a) die Wahl von Ausbildungswegen und Beruf und b) die Ausbildungszeiten von der Geburtenrate einer Gesellschaft abhängen. Es seien 5 Institutionen gegeben :

1. Volksschule V_t , v_t
2. Zur Hochschulreife führende Schulen W_t , w_t
3. Pädagogische Hochschulen P_t , p_t
4. Universitäten U_t , u_t
5. Nicht-Lehr-Berufe n_t

Die großen Buchstaben bedeuten die Zahl der im Jahr t hinzugekommenen Lehrenden, die kleinen die Zahl der im Jahr t hinzugekommenen Lernenden (n_t = Zahl der nicht lehrend Berufstätigen) . Wir formulieren jetzt 8 Beziehungen zwischen diesen 9 Größen derart, daß etwa $V_t = 0,9p_{t-4}$ heißt :"90% der PH-Studenten, die vor 4 Jahren ihr Studium begannen, sind jetzt (t) Volksschullehrer". Die Ausbildungsgänge verschiedener Lehrberufe sind institutionell etwa so strukturiert wie es das Gleichungssystem ausdrückt, die lags und Übergangswahrscheinlichkeiten sind als fiktive Werte nur sehr annäherungsweise realistisch; das gilt vor allem für die Selbstrekrutierungsquoten, die P aus p und U aus u hervorgehen lassen. Die Gleichungen g_i (i=1,2,...8) seien :

$$(g_1) \qquad\qquad V_t = 0,9p_{t-4}$$
$$(g_2) \qquad\qquad w_t = 0,1v_{t-4}$$
$$(g_3) \qquad\qquad W_t = 0,25u_{t-6}$$
$$(g_4) \qquad\qquad p_t = 0,30w_{t-8}$$
$$(g_5) \qquad\qquad P_t = 0,10p_{t-10} + 0,05u_{t-16}$$
$$(g_6) \qquad\qquad u_t = 0,60w_{t-8}$$
$$(g_7) \qquad\qquad U_t = 0,05u_{t-18}$$
$$(g_8) \qquad\qquad n_t = 0,90v_{t-8} + 0,10w_{t-8} + 0,65u_{t-5}$$

Dieses System könnte die Bildungswirklichkeit eines ideali-
sierten Landes ausdrücken. Zur Vereinfachung sind allerdings
ganz feste Ausbildungszeiten und für alle erfolgreiche Ab-
schlüsse aller "Teilstrecken" angenommen. Die lags könnten
auch verteilt sein, wie etwa später in (165). Durch geeignete
Substitutionen sind alle 8 Relationen auf folgende 5 redu-
zierbar :

$$(G_1) \qquad V_t = 0{,}027 v_{t-16}$$

$$(G_2) \qquad W_t = 0{,}015 v_{t-18}$$

$$(G_3) \qquad P_t = 0{,}003(v_{t-22} + v_{t-28})$$

$$(G_4) \qquad U_t = 0{,}003 v_{t-30}$$

$$(G_5) \qquad n_t = 0{,}9 v_{t-8} + 0{,}01 v_{t-12} + 0{,}039 v_{t-17}$$

Damit sind alle lehrend (V,W,P und U) und nicht lehrend (n)
Berufstätigen auf ihre Quelle zurückgeführt : alle rekrutie-
ren sich nach einigen zusammengesetzten Ausbildungszeiten
ja aus den früheren Volksschülerkohorten, die grob gleich
den Geburtenkohorten vor 6 Jahren sind. Sind diese konstant
($v_{t-T} = v$ für alle T), so ergibt sich aus der Addition von
(G_1) bis (G_5) tatsächlich $V_t + W_t + P_t + U_t + n_t = v$. Doch auch bei
zeitvariablen, aber bekannten v_{t-T} kann man die Zahl der zu
erwartenden Lehrenden voraussagen, also die Ist-Zahl.
Ein interessanter Aspekt sind die didaktischen Einflüsse von
den V auf v, W auf w, P auf p und U auf u und umgekehrt die
Revolution von unten, die von den Lernenden auf die Lehrenden ausgeht. Das Modell kann beliebig erweitert und modifiziert werden und erlaubt die Abschätzung der Mindestzeiten
und der Wirkungsverteilung bei der Unterwanderung diverser
karriere- und ausbildungsabhängiger Institutionen. Man erkennt auch unschwer, wie lange der Marsch durch die Institutionen dauern kann, bis entscheidende Anteile der Bevölke-
rung über Bildungsinstitutionen mit neuen Inhalten versorgt
sind. Man löse dazu (g_1) bis (g_8) nach v_t und berechne die
Verteilung über 60 Kohorten. Die politische Konsequenz, nämlich simultan an vielen Stellen des Systems einzugreifen,
kann so quantitativ geplant und kontrolliert werden.

Literaturverzeichnis

(1) Albrecht, G., Zur Soziologie der Wanderungen, Köln 1967

(2) Anderson,T.W., Probability Models for Analyzing Time
Changes in Attitudes, in : P.F.Lazarsfeld(Hrsg.),Mathe-
matical Thinking in the Social Sciences, Glencoe 1954,
S.17-66

(3) Bartholomew,D.J., Stochastic Models for Social Processes,
London,New York,Sydney 1967, S.42 ff.
Deutsche Ausgabe : Stochastische Modelle für soziale Vor-
gänge, München und Wien 1970, S.68 ff.

(4) Bauer, R.A., Social Indicators, M.I.T.-Press, Cambridge
und London 1966

(5) Blalock, H.M. Jr., Theory Construction, Englewood Cliffs
1969, S. 76-140 (Dyn.Modelle)

(6) Bloch, E., Freiheit und Ordnung, Hamburg 1969, S.18 ff.
(Soziale Wunschbilder der Vergangenheit)

(7) Bolte, M., Deutsche Gesellschaft im Wandel, Opladen 1967,
S. 70-164

(8) Bolte, M., Vertikale Mobilität, in: René König (Hrsg.),
Handbuch der empirischen Sozialforschung Bd. II, Stuttgart 1969, S.1-42

(9) Börger, H.E.A., Direkte und indirekte Indikatoren der
Parteipräferenz, Diss.Köln 1970

(10) Boudon,R., Eléments pour une théorie formelle de la mo-
bilitésociale, in: Quality and Quantity, Bd.V(1),Juni
1971, S.39-85

(11) v.Brandt, Ahasver, Werkzeug des Historikers, Stuttgart
1969, S.36-46 (Chronologie)

(12) Buchhofer, B., J.Friedrichs und H.Lüdtke, Alter,Genera-
tionsdynamik und soziale Differenzierung, in: Kölner
Zeitschrift für Soziologie und Sozialpsychologie,22.Jhrg.
1970,Heft 2, S.300-334

(13) Bulnes,J.,B.Giersch und P.Heintz, Report on the World
Model Project, in: Bulletin (Soziolog.Institut der
Universität Zürich und Departamento de Sociologia-Fun-
dacion Bariloche (Argentinien)) Nr.20/20/I,20/II (1971)

(14) Calot,G. und P.Bohley, Die Wechselwähler in Hessen, in:
Zeitschrift für die gesamte Staatswissenschaft 126,1
1970 , S. 126-150

(15) Coleman,J.S., Introduction to Mathematical Sociology ,
Glencoe,Ill. 1964, Kap. 9-11

(16) Coleman, J.S., The Mathematical Study of Change, in:
Blalock and Blalock, Methodology in Social Research,
New York 1968, S.428-478

(17) Cutler,N., Generation,Maturation, and Party Affiliation:
     A Cohort Analysis, in: Public Opinion Quarterly,33,1970,
     S. 583-588 sowie die anschließende Diskussion S.589-92

(18) Dolp,F., Toward a Behavioral Theory of Change in Econom.
     Systems, in: Zeitschrift für Nationalökonomie 30(1970),
     S.445-464

(19) Erbslöh, E., Interview, Teubner Studienskripten zur So-
     ziologie Nr.31, Stuttgart 1972

(20) Evan, W.H., Cohort Analysis of Survey Data : A Procedure
     for Studying Long-Term Opinion Change, in: Public Opinion
     Quaterly, 23,1959, S.63-72

(21) Feichtingen,G., Einige Resultate aus der Bevolkerunsmathe-
matik, in: Henn,Künzi,Schubert (Hrsg.), Operations Research
Verfahren VIII, Meisenheim am Glan 1970,S.89-106

(22) Forrester, J.W., Counterintuitive Behavior of Social
     Systems, in: Theory and Decision Bd. 2,2, Dez. 1971,
     S.109-140

(23) Friedrichs,J. und H.Lüdtke, Teilnehmende Beobachtung,
     Päd.Zentrum Veröffentl., Verlag Julius Beltz 1971,S.119

(24) Fuchs, W., Todesbilder in der modernen Gesellschaft,
     Frankfurt 1969, S.177-197 (Medizin und Altersgarantie)

(25) Ginsberg, R.B., Semi-Markov Processes and Mobility, in:
     Journal of Mathematical Sociology Bd.1,1971,S.233-262

(26) Goethe,J.W.-Universität, Forschungsprojekt "Sozialpoli-
     tisches Entscheidungs- und Indikatorensystem für die
     BRD", Sozialpolitische Forschungsgruppe (Gäbler,Galler,
     Grohmann, Hecheltjen,Heike,Helberger,Lehmann,Mayer,
     Meinhold,Schäfer,Schmähl,Katrin Zapf, W.Zapf,Krupp),
     Frankfurt 1971, besonders S.58

(27) Goldberg,S., Introduction to Difference Equations, New
     York und London 1958. Deutsch : Differenzengleichungen
     und ihre Anwendungen in Wirtschaftswissenschaft,Psycho-
     logie und Soziologie, München und Wien 1968

(28) Gröbner,W., Matrizenrechnung, München 1956, S.133-135.
     Siehe auch die Ausgabe B-I-Hochschultaschenbücher 89,
     90/90 a
(29) Halbwachs,M.,
               Les cadres sociaux de la mémoire , Paris 1925

(30) Harder, Th. , Wirtschaftsprognose, Diss.Köln 1959,
     S.105-116

(31) Harder,Th. , Kritik der praktischen Marktforschung aus
     der Sicht der Ökonometrie,Teil II, in: forschen,planen,
     entscheiden, 1, Feb.1966, S. 21

(32) Harder,Th., Introduction to Mathematical Models in Mar-
     ket and Opinion Research, Reidel,Dordrecht 1969, deutsch:
     Elementare mathematische Modelle in der Markt- und Mei-
     nungsforschung, München und Wien 1966, 2. Kapitel

112

(33) Harder,Th., Mathematische Verfahren und Modelle in der
     Mediaforschung, in: Mediaforschung in Deutschland,
     Baierbrunn 1968, S.33-46, speziell S.43-45

(34) Harder,Th. , Werkzeug der Sozialforschung, Köln 1969
     und Bielefeld 1970, Kap.VI Matrix-Operationen,S.102-122

(35) Harder,Th. , Sozialwissenschaftliche Prognosen im Lichte
     des Mikro-Makro-Problems, in: Kleiner Almanach der
     Marktforschung 1971, Emnid-Institut,Bielefeld 1970,
     S.46-62

(36) Howard, R.A., Dynamic Programming and Markov Processes,
     New York und London 1960,S.9

(37) Hüsser,R., Orthogonale Polynome mehrerer Veränderlicher
     und ihre Anwendung in der ein- und zweidimensionalen
     Ausgleichsrechnung, in: Mitteilungen der Vereinigung
     schweizerischer Versicherungsmathematiker Bd.57,Heft 1,
     1957, S.55-135

(38) Huggins, W.H., Systems Dynamics, in: Flagle,C.D., W.H.
     Huggins und R.H.Roy (Hrsg), Operations Research and
     Systems Engineering, Baltimore 1964, S.637-684

(39) Hummell, H.J., Probleme der Mehrebenenanalyse, Teubner
     Studienskripten zur Soziologie Nr.39, Stuttgart 1972

(40) Jaeckel, M. , Coleman's Process Approach, Kap.9 (S.236
     -275) in: H.L.Costner (Hrsg.), Sociological Methodolo-
     gy 1971, Jossey-Bass Inc., San Francisco,Washington,
     London 1971

(41) Janich,P., Die Protophysik der Zeit, Mannheim 1969

(42) Kadushin,Ch., Power,Influence and Social Circles : A
     New Methodology for Studying Opinion Makers, in: Ameri-
     can Sociological Review,Bd. 33, S.685-699

(43) Kamlah, W., Utopie,Eschatologie,Geschichtsteleologie,
     Mannheim 1969, S.89-106

(44) Kemeny,J.G. und J.L.Snell, Finite Markov Chains,
     Princeton 1963

(45) Kendall,M.G. und A.Stuart, The Advanced Theory of Sta-
     tistics, Bd.3,2.Aufl., London 1968, Kap.45-47,S.342-430

(46) Keynes,J.M., The General Theory of Employment, Interest
     and Money, London 1936

(47) Keynes, J.M., Professor Tinbergen's Method, in: Econo-
     mic Journal 1939, S. 558-568

(48) Keynes,J.M., Comment,in: Economic Journal 1940,S.154-6

(49) Klingemann,H.D. und F.U.Pappi, Politischer Radikalismus,
     München und Wien 1972, S.108 - 116

(50) Kreweras, G., A Model for Opinion Change During Repeated
     Balloting, in: P.F.Lazarsfeld und Neil W.Henry (Hrsg),
     Readings in Mathematical Social Science,Chicago 1966,

S.174-191 (Spektralanalyse)
(51) Kühn,A., Das Problem der Prognose in der Soziologie,
     Berlin 1970

(52) Kühn,A., Jugend und sozialer Wandel, in: Soziale Welt,
     Jhrg.23,Heft 2, 1972, S.129-147

(53) Lazarsfeld,P.F., The People's Choice, Columbia University
     Press 1948, zitiert in : T.W.Anderson 1954 loc.cit. ,
     S.45 ff.

(54) Lazarsfeld,P.F., The Analysis of Attribute Data, in:
     International Encyclopedia of the Social Sciences,Bd.15,
     S.419-429

(55) Lazarsfeld,P.F., und N.W.Henry, Latent Structure Ana-
     lysis, Houghton Mifflin, Boston 1968, siehe vor allem:
     The Latent Markov Chain Model, S.252-263

(56) Lehmann, K., Christliche Geschichtserfahrung und onto-
     logische Frage beim jungen Heidegger, in: O.Pöggeler
     (Hrsg), Heidegger, Neue Wissenschaftliche Bibliothek
     Bd.34, Köln-Berlin 1969, S.141-168

(57) Luce,R.D. und R.R.Bush und E.Galanter (Hrsg), Handbook
     of Mathematical Psychology, New York,London,Sydney 1963
     und 1967, darin : Kap.9 in Bd.II,Saul Sternberg, Stocha-
     stic Learning Theory, S.1-120

(58) Lüth,P., Kritische Medizin, Hamburg 1972, S.127-145(Der
     Tod und die Wissenschaft)

(59) Meadows,D., Die Grenzen des Wachstums, dva, Stuttgart
     1972

(60) Menges,G., Ökonometrie, Wiesbaden 1961,S.50-56 und 99-
     104

(61) Mochmann, E., Techniken der Datensammlung 3 : Inhalts-
     analyse, Sekundäranalyse, Teubner Studienskripten 1973

(62) Moller,H., Youth as a Force in the Modern World, in:
     Comparative Studies in Society and History,Bd.X,3,1968,
     S.237-260

(63) Morrison,P.A., Probabilities from Longitudinal Records,
     in: E.F.Borgatta(Hrsg.), Sociological Methodology 1969,
     San Francisco 1969, Kap.11,S.286-294

(64) Northrop,F.S.C., The Impossibility of a Theoretical
     Science of Economic Dynamics, in: Quarterly Journal of
     Economics Bd. LVI (1941-42),S.1-17

(65) Pound,Ezra, The Cantos, Faber&Faber, London 1960, XCV,
     S.676-680

(66) Pourcher,Guy, Die geographische und berufliche Mobilität
     in Frankreich, in: György Széll (Hrsg.), Regionale Mobi-
     lität, München 1972, S.213-228

(67) Radkau,J. und O.Radkau, Praxis der Geschichtswissenschaft, die Desorientiertheit des historischen Interesses, Düsseldorf 1972

(68) Rashevsky,N., Outline of a Mathematical Approach to History, in: Bulletin of Mathematical Biophysics,Bd.15 (1953), S.197-234

(69) Roghmann,K.J. und R.J.Haggerty, Theoretical and Methodological Problems of Medical Care Research : Some Consequences for Secondary Analysis, in: Social Sciences Information 9 (5), 1970, S.125-154

(70) Russell,B., The Autobiography of Bertrand Russell,Bd.II, London 1968, S.127

(71) Ryder,N.B., The Cohort as a Concept in the Study of Social Change, in: American Sociological Review XXX (1965), S.843-861

(72) Schaltenbrand,G., Bewußtsein und Zeit, in: Studium Generale 22 (1969), S.455-472

(73) Sheldon,E.B. und W.E.Moore(Hrsg.), Indicators of Social Change, New York 1968

(74) Skowronek,H., Lernen und Lernfähigkeit, München 1970

(75) Sternberg, S., Stochastic Learning Theory, in: R.D.Luce, R.R.Bush und E.Galanter (Hrsg.), Handbook of Mathematical Psychology, New York,London und Sydney 1963 und 1967, S.1-120

(76) Stone,L., The Crisis of the Aristocracy 1558-1641 , Oxford 1965

(77) Swierenga,R.P.(Hrsg.), Quantification in American History : Theory and Research, New York 1970

(78) Szepański, J., Die biographische Methode, in: René König (Hrsg.), Handbuch der empirischen Sozialforschung, Bd. I ,2.Aufl. 1967, S.551-569

(79) Takács, L., Stochastische Prozesse, München und Wien 1966

(80) Termote,M., Wanderungsmodelle, in: G.Széll (Hrsg.), Regionale Mobilität, München 1972, S.141-175

(81) Thrupp,S.L. und R.Grew, Horizontal History in Search of Vertical Dimensions, in: Comparative Studies in Society and History, VIII (Jan.1966), S.258-264

(82) Tinbergen,J., Business Cycles in the United States 1919-1932, Genf 1939

(83) Tinbergen,J., On a Method of Statistical Business Cycle Research, A Reply, in: Economic Journal 1941, S.141-154

(84) Tinbergen,J., Business Cycles in the United Kingdom 1870-1914, Amsterdam 1951

(85) Vetter,H., Die Stellung des Dialektischen Materialismus
     zum Prinzip des ausgeschlossenen Widerspruchs, Verlag
     Der Meiler, Berlin 1962

(86) Waterkamp, R., Futurologie und Zukunftsplanung, Verlag
     W.Kohlhammer, Stuttgart 1970,S.2

(87) Wiener,Norbert, The Theory of Prediction, in: E.F.Beck-
     enbach (Hrsg.), Modern Mathematics for the Engineer,
     New York, Toronto,London 1956, S.165-190

(88) Wiener,Oswald, Die Verbesserung Mitteleuropas, Reinbek
     bei Hamburg 1969, S.CLXXIV

(89) Wienold,H., Kontakt,Einfühlung und Attraktion.Zur Ent-
     wicklung von Paarbeziehungen. Stuttgart 1972, S.104-112

(90) Winkler,W., Demometrie, Berlin 1969, S.85-137 und 342-
     426

(91) Wonnacott,R.J. und Th.H.Wonnacott, Econometrics, John
     Wiley and Sons, NewYork,London,Sydney,Toronto 1970 ,
     S.136-148

(92) Zapf,W. (Hrsg.), Arbeitskonferenz Soziale Indikatoren
     am 7.und 8.Januar 1972, Frankfurt am Main 1972

(93) Ziegler,R., Theorie und Modell, München und Wien 1972,
     S.44-62 (Fluktuation und Strukturwandel, Strukturwand-
     lungen als sozio-demographischer Prozess) und S.264-275
     (Zur dynamischen Analyse von Prozessen).

Sachregister

<u>Seitenangaben für die Gleichungen</u>

Unter "Gl." steht die im Text eingeklammerte Ordnungsnummer der Gleichung, unter"S."die zugehörige Seitenzahl .

Gl.	S.	Gl.	S.	Gl.	S.	Gl.	S.
1	14	44	24	87	34	130	63
2	14	45	24	88	34	131	63
3	14	46	24	89	34	132	63
4	14	47	25	90	35	133	64
5	15	48	25	91	35	134	64
6	15	49	26	92	36	135	64
7	15	50	26	93	36	136	64
8	16	51	26	94	36	137	65
9	16	52	26	95	36	138	65
10	16	53	26	96	36	139	65
11	17	54	27	97	36	140	65
12	17	55	27	98	36	141	65
13	18	56	27	99	36	142	65
14	18	57	27	100	37	143	66
15	19	58	27	101	37	144	66
16	19	59	27	102	37	145	66
17	20	60	27	103	38	146	69
18	20	61	28	104	38	147	70
19	20	62	28	105	38	148	72
20	20	63	28	106	38	149	72
21	21	64	28	107	39	150	73
22	21	65	28	108	40	151	74
23	21	66	28	109	41	152	74
24	21	67	29	110	41	153	80
25	21	68	29	111	42	154	82
26	21	69	29	112	42	155	83
27	21	70	29	113	42	156	89
28	21	71	29	114	42	157	89
29	22	72	30	115	42	158	89
30	22	73	30	116	43	159	90
31	22	74	31	117	43	160	90
32	22	75	32	118	44	161	91
33	22	76	32	119	44	162	91
34	22	77	32	120	44	163	100
35	23	78	32	121	45	164	103
36	23	79	32	122	45	165	103
37	23	80	32	123	46	166	103
38	23	81	32	124	47	167	103
39	23	82	32	125	47	168	104
40	23	83	32	126	47	169	104
41	23	84	33	127	48	170	104
42	23	85	33	128	62	171	104
43	23	86	34	129	62	172	104
						173	104